高等学校创新型实验教材

高等学校生物类"十三五"规划教材

U0296759

生物工程专业实验指导

SHENGWUGONGCHENG

ZHUANYE SHIYAN ZHIDAO

李加友　主　编

尤忠毓　朱长俊　副主编

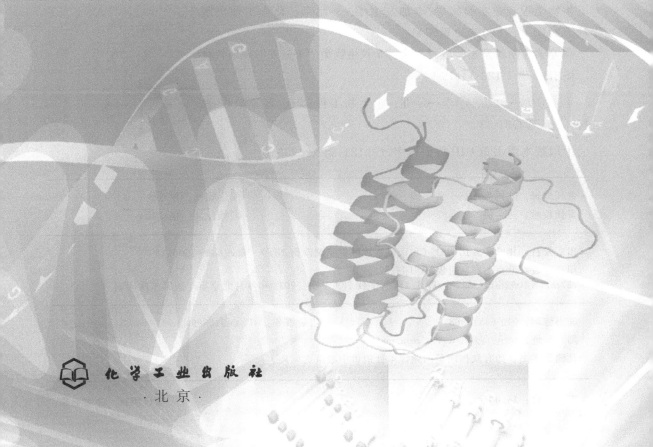

化学工业出版社

·北京·

《生物工程专业实验指导》根据生物工程人才培养方案，将相关核心课程实验内容编写在一起，力求结构更紧凑，内容更合理，实用性更强，更好体现人才培养方案的意图。内容主要包括生物工程实验室管理和要求、生物化学实验、微生物学实验、分子生物学与基因工程实验、发酵工程实验、分离工程实验共 38 个实验。使专业学生一本在手，可以解决专业上很多问题。既培养学生分析问题和解决问题的能力，增强创新意识和创新能力；又大大提高了指导书的使用效率。本书同时也进行了专业特色融入实验内容探索，使用者可以根据实际情况开展相关实验。

本书可供高等学校生物工程、生物技术、食品工程、制药工程等专业作为实验指导书使用，也可供相关专业科研工作者作为参考书使用。

图书在版编目（CIP）数据

生物工程专业实验指导/李加友主编. —北京：化学工业出版社，2018.12（2022.9重印）

高等学校创新型实验教材　高等学校生物类"十三五"规划教材

ISBN 978-7-122-33119-9

Ⅰ．①生…　Ⅱ．①李…　Ⅲ．①生物工程-实验-高等学校-教材　Ⅳ．①Q81-33

中国版本图书馆 CIP 数据核字（2018）第 228955 号

责任编辑：陆雄鹰　杨　菁　闫　敏　　　　　　　文字编辑：焦欣渝
责任校对：边　涛　　　　　　　　　　　　　　　装帧设计：张　辉

出版发行：化学工业出版社（北京市东城区青年湖南街 13 号　邮政编码 100011）
印　　装：北京七彩京通数码快印有限公司
787mm×1092mm　1/16　印张 7¼　字数 163 千字　2022 年 9 月北京第 1 版第 3 次印刷

购书咨询：010-64518888　　　　　　　　售后服务：010-64518899
网　　址：http://www.cip.com.cn
凡购买本书，如有缺损质量问题，本社销售中心负责调换。

定　　价：26.00 元

前　言

　　一般来说，工科学生大学期间需要多门实验课程的训练，每门课程都有相应的实验指导书。但是我们也发现，由于每门实验课程指导书都追求全面，所以导致很多重复；同时对于一个专业来说，知识系统显得割裂，不能很好体现人才培养方案的意图。在这种情况下，我们根据普通本科院校生物工程专业所设置核心课程对实验项目及内容的要求，进行了创新和尝试，把生物工程专业几门核心课程实验编写到一起，成为这本《生物工程专业实验指导》，力求结构更紧凑，内容更合理，实用性更强，使专业学生一本在手，可以解决专业上很多问题，大大提高指导书的使用效率；同时本书对如何将专业特色体现在实验课中，也进行了深入的探索。本书是生物工程专业一线教师通过几年的教学改革和实践获得的成果，目的是帮助学生巩固专业理论知识，掌握基本的实验方法和操作技能，培养学生分析问题和解决问题的能力，增强创新意识和创新能力。

　　全书共分六章，第一章为生物工程实验室管理和要求，主要是生物工程专业学生进入实验室需要了解和掌握的相关要求，包括实验室管理总则、实验室人员行为规范、实验设备及耗材管理、实验室药品管理、微生物实验室菌种管理制度及实验室安全卫生管理。通过学习教育，使学生掌握生物工程专业实验室基本要求，学会使用常见的仪器设备，获得实验的基本技能，养成良好的实验习惯。第二章为生物化学实验，生物化学作为专业基础课程，具有重要的地位。本章共有 9 个实验，旨在让学生逐步掌握生物化学（简称生化）技术、接受生化思维，对生化作为基础学科有更深的理解。本章内容主要包括色谱、离心、电泳、滴定、分光光度、酶学、简单分子生物学等相关实验。第三章为微生物学实验，共安排了 12 个实验，包括光学显微镜使用、微生物形态观察、微生物染色及大小测定等基本技能实验和培养基配制、平板分离技术、细菌总数测定等综合实验技术，另外设置了环境因素对微生物的影响、酸奶制作、微生物诱变及生理生化反应等探索性实验，通过实验，学生可掌握微生物的观察、测量及培养的基本操作方法，并加强对微生物在实践中应用的理解。第四章为分子生物学与基因工程实验，包括 9 个实验，让学生在生化和微生物实验的基础上开展一些前沿实验内容，主要以系列实验方式呈现，包括基因组提取、PCR 扩增、酶切、感受态细胞制备、重组子构建、质粒转化与鉴定、外源基因的表达检测等，是学生提高生物工程能力的重要举措。第五章为发酵工程实验，包括 5 个实验，分别为菌种制备与保藏、发酵过程控制、活性干酵母制备、酵母固定化技术以及灵菌红素制备等，学生通过实验能够对专业知识有更好的理解，并能掌握设备的工作原理，为将来继续深造和就业奠定基础。第六章为分离工程实验，包括 3 个综合性实验，涉及提取、分离纯化、结构鉴定等，是生物工程专业学生掌握相关技能的重要途径。

本书所编写的实验项目均在编者所在学校经过多年实践和应用，也历经多次修改。相信成书后一定会对普通高校生物工程专业学生开展实验、理解实验目的具有较好的指导作用。

本书由李加友担任主编，尤忠毓、朱长俊担任副主编；由嘉兴学院生物与化学工程学院生物工程专业李加友、尤忠毓、朱长俊、刘晓侠、于建兴、王玉洁、孙诗清等教师编写；朱长俊进行了统稿工作。

本书的出版得到了嘉兴学院教务处、生物与化学工程学院领导的大力支持，在此表示衷心感谢。

由于时间仓促、作者水平有限，书中的疏漏之处敬请读者指正。

编　者

目　录

第一章 生物工程实验室管理和要求

第一节 实验室管理总则

（1）实验室管理是所有实验人员共同的责任，每一位实验人员都应对实验室的正常、高效运转尽自己的义务和责任，自觉遵守实验室的规章制度和管理办法。

（2）本章程为实验人员的行为规范，目的是使大家在一个有组织、有秩序的环境下工作，为大家提供一个能充分开展实验教学的空间，使大家养成良好的工作习惯，为获得良好的实验结果奠定基础。

（3）实验室的管理原则如下。

① 岗位责任制原则　实验室的每一项管理工作都有明确的责任要求，并有专人负责。

② 规范化原则　管理制度化，从设备、器材、药品等的使用到实验方法、安全卫生都制定标准化的规范，大家都按照规范执行，以确保管理工作的有效性和连续性。

③ 记录监督原则　实验室管理的各方面都要求有及时、准确的记录，以保证实验室所有工作的可追溯性。

第二节　实验室人员行为规范

（1）严格遵守本单位对于实验室管理相关的各项规章制度。

（2）每位实验室成员都应以主人翁精神参与实验室的建设与管理，积极参加实验室的各种活动（包括公益劳动），自觉维护本实验室的声誉。

（3）对所有违规人员和行为，管理员将进行登记，屡教不改者，从重处理。

（4）实验室内严禁吸烟、喝酒和吃零食。

（5）不准在实验室大声喧哗、随地吐痰、打闹。

（6）未经许可，不得随意把其他无关人员带入实验室。

（7）爱护仪器设备，节约用水、电及实验材料等，注意安全。

（8）室内设备仪器不得擅自拆卸、挪动，与本人实验无关的设备不可随意开启。

（9）实验仪器的使用要严格遵守操作规程，并认真填写设备使用记录，设备存放应做到整洁有序，便于检查使用。

（10）必须注意实验安全，加强安全防范意识。

（11）注意公共卫生，不准随意丢弃杂物废纸等，影响实验室环境卫生。

（12）高温、高压及易燃易爆实验，需要特别注意安全防范。

（13）最后离室者，做好安全检查，检查仪器电源、空调、水、气瓶、门、窗等是否关好，并在最后离室登记簿上签名。

第三节　实验设备及耗材管理

1. 实验设备管理

（1）实验设备按指定位置摆放，不得擅自改变仪器设备及其附件的存放位置。确需移动位置时，必须经管理人员同意，使用后应及时整理复原。

（2）精密仪器须专人负责管理，使用者经过培训合格后方能使用，对于没有按规定操作导致设备故障者，要追究其责任。

（3）严格遵守各种仪器的操作规程和登记制度，凡对拟使用的仪器的操作不熟悉者，务必先学习使用方法。发现仪器故障者，有义务立即向管理人员报告，以便及时维修。凡属违反操作规程而损坏仪器者，视情况进行处罚。

（4）各通电设备在使用完毕后，应切断电源，以保证安全。

（5）必须严格执行仪器设备运行记录制度，记录仪器运行状况、开关机时间。

（6）使用前，首先检查仪器清洁卫生，仪器是否有损坏，接通电源后，检查是否运转正常。发现问题及时报告管理人员，并找上一次使用者问明情况，知情不报者追查当次使用者责任。

（7）显微镜的目镜在使用前后必须用浸有乙醇（酒精）的透镜纸擦净。

（8）微生物实验后，实验室须立即收拾整洁、干净。如有菌液污染须用3％来苏尔液或5％石炭酸液覆盖污染区半小时后擦去（含芽孢类菌液污染应延长消毒时间）。带菌工具（如吸管、玻璃棒等）在洗涤前须用3％来苏尔液浸泡消毒。

2. 玻璃器材的存放、洗涤

（1）使用玻璃器材应轻拿轻放，严格按照其使用条件来使用。

（2）实验所用的玻璃仪器应按照标签存放于指定位置，使用后应及时洗涤干净并放回原处。

第四节 实验室药品管理

1. 药品试剂的使用、存放及购买

（1）对实验室内易燃、易爆、腐蚀性和剧毒性药品应分类管理并有相应的药品目录，使用时应做好领用记录（领用人、领用量、领用日期及用途）。

（2）所有药品必须有明显的标志。对字迹不清的标签要及时更换，对过期失效和没有标签的药品不准使用，并要进行妥善处理。

（3）使用强酸强碱等化学试剂时，应按规定要求操作和储存；使用有机溶剂和挥发性强的试剂时应在通风良好的地方或在通风橱内进行。

（4）同种药品或试剂使用完后再开启新瓶，药品使用完后放回原处。

（5）采购药品前应先盘查药品柜内库存，然后按需购买。

2. 公用溶液的配制、存放及标记

（1）因实验需要而自行配制的公用溶液存放于指定位置的实验台面上。

（2）试验药剂容器都要有标签，标签上要注明溶液名称、浓度、配制者姓名、配制日期等信息；无标签或标签无法辨认的试剂都要当成危险物品重新鉴别后小心处理，不可随便乱扔，以免引起严重后果。

（3）实验室中摆放的药品如长期不用，应放到药品储藏室，统一管理。

第五节　微生物实验室菌种管理制度

1. 菌种保存

（1）实验室全部菌种都应由菌种负责人记录在册并妥善保存，菌种上应贴上明显的标签，标明名称、编号、购买日期等。

（2）每天检查一次保存菌种的冰箱温度，并作记录，每周检查菌种管的棉塞是否松动，菌种外观及干燥状态，如有异常应及时处理，并填写菌种检查记录。

（3）每次移植培养后，要与原种的编号、名称逐一核对，确认培养特征和温度无误后，再继续保存。

2. 菌种的传代、接种和使用

（1）实验室正在使用的菌种由各使用者自行纯化和更新斜面。使用者结束该菌种的使用后要将自己使用的菌株纯化后交负责人保存，并填写使用记录。

（2）每株菌种应建立菌种使用及传代记录，斜面菌种应根据其特性决定传代时间间隔。

（3）实验人员传代时使用须核对名称、编号，传代代数及日期，所用培养基。

（4）任何人未经领导允许，不得私自将菌种带出实验室或给他人。

第六节　实验室安全卫生管理

1. 安全

（1）实验室规定在进行任何实验操作时都应穿着实验服（白大褂），若因违反此规定而导致的衣物损伤甚至人身伤害应自己负责。

（2）实验时小心仔细，全部操作应严格按照操作规程进行，禁止用嘴吸取菌液或试剂。万一遇有盛菌试管或瓶不慎打破、皮肤灼伤等意外情况发生时，应立即报告实验室管理人员，及时处理，切勿隐瞒。

（3）涉及挥发性、刺激性及有毒试剂的操作必须在通风橱内进行，对违规者追究其责任。进行有毒、有害、有刺激性物质或有腐蚀性物质操作时，应戴好防护手套，在特定实验台上操作，不要污染其他工作台。

（4）实验过程中，切勿使乙醇（酒精）、乙醚、丙酮等易燃药品接近火焰。如遇火险，应先关掉电源，再用湿布或沙土掩盖灭火，必要时用灭火器。

（5）消防器材要定时检测，放置在便于使用的地方，保证随时可用，且其周围不可堆放其他物品、杂物。

（6）实验人员都必须熟悉实验室内水、电、气开关的分布情况，在遇到紧急情况的时候应立刻关闭相应的开关。还应该熟悉大楼的各种应急措施，包括灭火器和火情警铃按钮。

（7）火情紧急对策。若发现火情，应立即呼叫，并拨 119 报火警。

（8）实验室内严禁吸烟，加强对室内易燃品、易爆品、腐蚀性物品等的管理，严格按实验规程操作。

（9）实验室产生的工作废液，应妥善处理。

（10）工作结束后，清理工作过的台面及区域，保持整洁。

（11）实验完毕后和下班离开实验室时，应切断电源（必须通电的除外）、水源、气源、清理实验场所、关好门窗后方能离开。所有实验需过夜的，应安排人员值守。

（12）钥匙为实验室工作人员进入实验室的通行证，不得转借。钥匙的持有者应对实验室的安全负责。

2. 卫生

实验室管理人员应定期彻底打扫实验室、无菌室，擦拭窗户、桌面、仪器、水池及地面。每日安排值日生，负责垃圾和水池的清理。

（1）实验台　保持实验台的清洁卫生。用完的试剂应立即放归原处。养成良好的工作习惯，及时处理实验过程中使用过的器皿、废液、废物等。

（2）无菌室和超净台　使用无菌室和超净台的人员，在用完后，需及时使用 84 消毒液清洁无菌室和超净工作台。

（3）仪器设备　仪器使用完后，要及时清理，盖上仪器罩。保持仪器设备干净，无尘。

（4）水池及水池柜体内面和地面　每日值日生要负责清洁水池及水池柜体内面和地面。固形物（如固态培养基等）严禁倒入水池。

（5）办公区　办公区应保持整洁。各种杂物和废弃物应及时清理。大家有责任保持环境整洁。合理使用办公区的仪器，节省耗材，自觉遵守其相关的规定。

第二章　生物化学实验

实验一　氨基酸纸色谱

一、实验目的

1. 通过对氨基酸的分离和鉴定，掌握纸色谱的基本原理及操作方法。
2. 通过实验，理解氨基酸与茚三酮的显色反应原理，掌握显色反应现象。

二、实验原理

色谱法又称层析法，是一项重要的分离分析技术，利用混合物中各组分理化性质的不同，使各组分以不同程度分配在两相中。

根据色谱的工作原理可分为：分配色谱、吸附色谱、亲和色谱、离子交换色谱。根据色谱支持物的不同可分为：纸色谱、柱色谱、薄层色谱、凝胶过滤色谱。氨基酸的纸色谱属于分配色谱，其原理是利用各种物质在两种互不溶解的溶剂中分配系数的不同，从而达到分离的目的。分配色谱一般用于分离在水和有机溶剂中都有一定溶解度的混合物。

纸色谱的分配过程是一部分溶质随有机相（展层溶剂）移动，离开原点进入无溶质区，并进行重新分配，不断向前移动。随着有机相不断向前移动，溶质不断地在两相间进行可逆的分配（图 2-1）。一种物质在两相中达到平衡时，在两相中的浓度之比是一个常数，称为分配系数（K_D）。

$$K_D = \frac{物质在流动相中的浓度}{物质在固定相中的浓度}$$

由于各种物质的分配系数（K_D）不同，随展层溶剂移动的速率也不同，从而达到分离的目的。移动速度可用比移值（R_f）或迁移率表示：

$$R_f = \frac{色斑中心至上样原点中心的距离}{溶剂前缘至上样原点中心的距离}$$

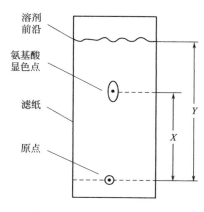

图 2-1　氨基酸纸色谱示意图

溶剂前沿

氨基酸显色点

滤纸

原点

Y

X

对于水-正丁醇的溶剂体系，氨基酸极性越小，K_D 值越大，R_f 值也越大，一定时间内随流动相迁移的距离越大，反之迁移距离越小。

三、器材和试剂

1. 器材

展开槽，色谱滤纸（约 15cm×15cm），电吹风机，喷雾器，毛细管，铅笔，针线，烘箱等。

2. 试剂

（1）氨基酸标准液　6mg/mL。

（2）未知氨基酸溶液　6mg/mL。

（3）展层剂　水饱和正丁醇（或苯酚）溶液，即 4 份水饱和的正丁醇和 1 份醋酸的混合物。将 20mL 正丁醇和 5mL 醋酸放入分液漏斗中，与 15mL 水混合，充分振荡，静置后分层，放出下层水层。取扩展剂倒入培养皿中备用。

（4）显色剂　0.3％茚三酮丙酮溶液。

四、实验内容

1. 色谱滤纸的准备

用铅笔在色谱滤纸上距离一端 2～3cm 处划直线（记为色谱底边点样线），在直线上标记标准氨基酸和未知氨基酸点样位置，并作上记号。

2. 点样（少量多次）

用毛细管平口端蘸取少量样品溶液，点样于滤纸的相应位置，要求样品斑点直径不超过 0.3cm，干燥后再点样，重复 3 次。注意样品点不要吹得太干燥，否则，样品物质的分子会牢牢吸附在色谱滤纸的纤维上，出现拖尾现象。

3. 缝合成圆柱体（依据展开槽类型，选做）

小心将色谱滤纸沿垂直底边的两条边，以针线缝合，制成圆柱体（图 2-2）。注意，缝合针线应靠近边缘，不可出现在氨基酸色谱点可能色谱经过的区域。

4. 展层

将滤纸放入展开槽，使滤纸底边以下部分浸入液面，但不要使液面没过点样线。展层 50～60min，取出滤纸，用铅笔绘出溶剂前沿线（图 2-1）。

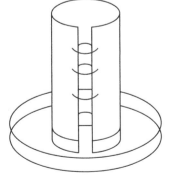

图 2-2　缝合成圆柱体

5. 显色

将滤纸吹干，用喷雾器把茚三酮溶液均匀细致地喷洒在滤纸点样线和溶剂前沿有效面上，吹干后放在 80℃烘箱中烘干显色。

五、结果与分析

用铅笔描出色斑轮廓，找出中心点。如果斑点形状不规则或出现明显的"拖尾"，则圈出颜色集中均匀的部分。

观察记录标准品和样品氨基酸与茚三酮溶液反应后的颜色，测量色谱点和溶剂前沿距离，并计算各色斑的 R_f 值，对照氨基酸标准品，确定未知样品中氨基酸种类。

六、思考题

1. R_f 值的概念。
2. 如何计算 R_f 值？影响该值的因素有哪些？
3. 纸色谱分离氨基酸的原理是什么？
4. 分析造成色斑拖尾现象的原因。

七、注意事项

1. 点样量要适当，点样要均匀。
2. 尽可能不要用手去触摸滤纸有效面。
3. 色谱分离时间根据色谱系统的具体情况而定，使分配系数相近的氨基酸分开。
4. 喷茚三酮溶液时要均匀、适量，不可过多。

实验二　蛋白质浓度测定（凯氏定氮法）

一、实验目的

1. 学习凯氏定氮法测定蛋白质含量的原理和操作技术。
2. 学会使用凯氏定氮仪。

二、实验原理

生物材料的氨基酸含量测定在生物化学研究中具有一定的意义，凯氏定氮法是目前常用的蛋白质含量测定方法。该方法是利用蛋白质中含氮量约为 16%，且相对恒定，测出含氮量，从而可推知蛋白质含量。实验分消化和测定两个部分。

消化是有机物（蛋白质）与浓硫酸共热，使有机氮全部转化为无机氮——硫酸铵。为加快反应，往往在消化时添加硫酸铜和硫酸钾的混合物；前者为催化剂，后者可提高硫酸沸点。以甘氨酸为例，消化过程可表示如下：

$$CH_2NH_2COOH + 3H_2SO_4 \longrightarrow 2CO_2 + 3SO_2 + 4H_2O + NH_3$$
$$2NH_3 + H_2SO_4 \longrightarrow (NH_4)_2SO_4$$

浓碱可使消化液中的硫酸铵分解，游离出氨，借水蒸气将产生的氨蒸馏到一定量、一定浓度的硼酸溶液中，硼酸吸收氨后使溶液中的氢离子浓度降低，然后用标准无机酸滴定，直至恢复溶液中原来的氢离子浓度为止，最后根据所用标准酸的物质的量（相当于待测物中氨的物质的量）计算出待测物中的总氮量。

本法适用于 0.2 ～ 2.0mg 的氮量测定。

三、器材和试剂

1. 器材

凯氏定氮烧瓶，凯氏定氮蒸馏装置，50mL 容量瓶，3mL 微量滴定管，分析天平，烘箱，电炉，100mL 蒸馏烧瓶，小玻璃珠，坩埚钳，锥形瓶，铁架台等。

2. 试剂

（1）浓硫酸　200mL。

（2）粉末硫酸钾-硫酸铜混合物　16g（K_2SO_4 与 $CuSO_4 \cdot 5H_2O$ 以 3:1 配比研磨混合）。

（3）30% 氢氧化钠溶液　1000mL。

（4）2% 硼酸溶液　5000mL。

（5）标准盐酸溶液　约 0.01mol/L。

（6）混合指示剂（田氏指示剂）　由 50mL 0.1% 美蓝乙醇溶液与 200mL 0.1% 甲基红乙醇溶液混合配成，储存于棕色瓶中备用。这种指示剂酸性时为紫红色，碱性时为绿色。变色范围窄且灵敏。

（7）市售标准面粉和富强粉　各 2g。

四、实验内容

1. 样品处理

固体样品测定时需烘干至恒重。在称量瓶中称一定量磨细的样品（如 0.1g 左右的干燥面粉），然后置于 105℃ 的烘箱内干燥 4h。用坩埚钳将称量瓶放入干燥器内，待降至室温后称重，按上述操作继续烘干样品。每干燥 1h 后，称重一次，直到两次称量数值不变，即达恒重。

液体样品（如血清等），可取一定体积样品直接消化测定。

2. 消化

取 4 个 100mL 凯氏烧瓶，标号。各加 1 颗玻璃珠，在 1 号及 2 号瓶中各加样品 0.1g，催化剂（K_2SO_4-$CuSO_4 \cdot 5H_2O$）200mg，消化液（浓硫酸）5mL。在 3 号及 4 号瓶中各加 0.1mL 蒸馏水和与 1 号及 2 号瓶相同量的催化剂和浓硫酸，作为对照，用以测定试剂中可能含有的微量含氮物质。每个瓶口放一漏斗，在通风橱内的电炉上消化。注意加样品时应直接送入瓶底，而不要沾在瓶口和瓶颈上。当消化开始时应控制火力，不要使液体冲到瓶颈。待瓶内水汽蒸完，硫酸开始分解并放出 SO_2 白烟后，适当加强火力，继续消化，直至消化液呈透明淡绿色为止。

定容：冷却后，加蒸馏水约 10mL（注意慢加，随加随摇），然后将瓶中溶液倾入 50mL 的容量瓶中，并以蒸馏水洗烧瓶数次，将洗液并入容量瓶，用水稀释到刻度，混匀备用。

3. 连接和洗涤凯氏定氮仪

按照图 2-3 连接凯氏定氮仪，在 P_1、P_3、P_4 位置夹上自由夹后，将其固定在铁架台上，并调试好。

① 接通冷凝水，先向蒸汽发生器中加入一定量的水（先关闭进水口，以排水口高度为宜），将蒸馏水由加样室加入反应室，用电磁炉将其加热烧开，让发生器中蒸汽通过气孔进入反应室。

② 将电磁炉移开片刻，打开自由夹 P_3，使冷水进入蒸汽发生器，此时由于蒸汽发生器产生负压，将反应室中蒸馏水吸出，待蒸汽发生器水位距离反应室孔约 2cm 左右，关闭自由夹 P_3，之后打开蒸汽发生器放水阀 P_1，使水位下降到排水口高度。再次将蒸馏水加入到反应室中，如此反复清洗 3~5 次。

③ 清洗后在冷凝管下端放一锥形瓶（盛有 5mL 2% 硼酸溶液和 1~2 滴指示剂的混合液）。如不变色则表明蒸馏装置内部已洗涤干净。

4. 蒸馏

（1）准备工作 50mL 锥形瓶数个，各加入 5mL 2% 硼酸溶液和 1~2 滴指示剂，溶液呈淡紫色，用表面皿覆盖备用。关闭冷凝水，打开自由夹 P_4，使蒸汽发生器与大气相通。将一个盛有硼酸和指示剂溶液的锥形瓶放在冷凝器下，并使冷凝器下端浸没在液体内。

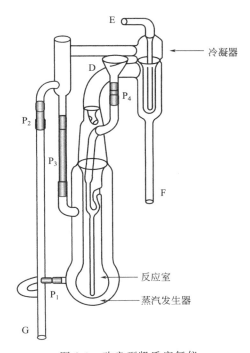

图 2-3　改良型凯氏定氮仪

D—加样口；E—冷凝水进水口；F—冷凝管口；G—冷凝水出水口

（2）加样　用移液管取 5mL 消化液，细心地通过加样室加入反应室中，随后加入 30％ NaOH 溶液 5mL，立即关闭自由夹 P_4，在加样漏斗中加少量蒸馏水做水封。

（3）蒸馏

① 打开冷凝水（注意不要过快过猛，以免水溢出）。

② 打开电磁炉，蒸馏开始，当观察到锥形瓶中的溶液由紫变绿时（约 2～3min），开始计时，蒸馏 3min，移开锥形瓶，使冷凝器下端离开液面约 1cm，同时用少量蒸馏水洗涤冷凝管口外侧，继续蒸馏 1min，取下锥形瓶，用表面皿覆盖瓶口。

蒸馏完毕后，应立即清洗反应室，方法如前所述。如此 3～5 次。最后将自由夹 P_1、P_3 同时打开，将蒸汽发生器内的全部废水换掉，继续下一次蒸馏。

待样品和空白消化液均蒸馏完毕，同时进行滴定。

5. 滴定

全部蒸馏完毕后，用标准盐酸溶液滴定各锥形瓶中收集的氨量，硼酸指示剂溶液由绿变淡紫色为滴定终点。记录滴定现象和数据。

五、结果与分析

样品总含氮量计算公式如下：

$$总氮量(g/100g) = \frac{c \times (V_1 - V_2) \times 0.014}{W} \times \frac{消化液总体积}{5} \times 100$$

式中，c 为标准盐酸溶液物质的量浓度，mol/L；V_1 为滴定样品用去的盐酸溶液平均体积，mL；0.014 为氮的毫摩尔质量，g/mmol；V_2 为滴定空白消化液用去的盐酸溶液平均体积，mL；W 为样品质量，g；5 为测定时消耗的消化液体积，mL；100 为换算为每 100g 样品中所含有的含氮量。

若测定的样品含氮部分只是蛋白质，则样品中蛋白质含量：

$$蛋白质含量(g/100g) = 总氮量 \times 6.25$$

六、思考题

1. 何谓消化？如何判断消化终点？

2. 在实验中加入粉末硫酸钾-硫酸铜混合物的作用是什么？

3. 固体样品为什么要烘干？

4. 蒸馏时冷凝管下端为什么要浸没在液体中？

5. 如何证明蒸馏器洗涤干净了？本实验应如何避免误差？

七、注意事项

1. 测定开始前，要确保凯氏定氮仪已经洗涤干净。

2. 在反应室中加入 NaOH 前，将冷凝管口浸没在硼酸指示剂溶液内，以确保产生的 NH_3 被硼酸全部吸收。

3. 从观察到硼酸指示剂溶液变绿色开始，继续吸收冷凝液 3min，并用少量蒸馏水冲洗冷凝管管口。

实验三 福林-酚试剂法测定蛋白质的浓度

一、实验目的

1. 学习利用呈色反应原理测定蛋白质浓度。
2. 掌握福林（Folin)-酚试剂法测定蛋白质浓度的基本原理和操作。

二、实验原理

蛋白质或多肽分子中有带酚基酪氨酸或带有苯环结构的色氨酸，在碱性条件下，可使酚试剂中的磷钼酸化合物还原成蓝色（生成钼蓝和钨蓝化合物）。在一定范围内，蓝色的深浅与蛋白质的含量成正比，可用比色法测定。

三、器材和试剂

1. 器材

牛血清蛋白片，722 型分光光度计，试管×10，移液管 0.50mL×4、0.10mL×2、0.20mL×2、5.0mL×1。

2. 试剂

（1）福林-酚试剂 A 碱性铜溶液。

甲液：取 Na_2CO_3 2g 溶于 100mL 0.1mol/L 氢氧化钠溶液中。

乙液：取 $CuSO_4 \cdot 5H_2O$ 晶体 0.5g，溶于 1% 酒石酸钾 100mL 中。

临用时按甲：乙＝50：1 混合使用。（一日内有效）

（2）福林-酚试剂 B 将 100g 钨酸钠、25g 钼酸钠、700mL 蒸馏水、50mL 85% 磷酸及 100mL 浓盐酸置于 1500mL 的磨口圆底烧瓶中，充分混匀后，接上磨口冷凝管，回流 10h，再加入硫酸锂 150g，蒸馏水 50mL 及液溴数滴，开口煮沸 15min，在通风橱内驱除过量的溴。冷却，稀释至 1000mL，过滤，滤液呈微绿色，储存于棕色瓶中。临用时，用 1mol/L 的氢氧化钠溶液滴定，用酚酞作指示剂，根据滴定结果，将试剂稀释至相当于 1mol/L 的酸。

（3）1mg/mL 牛血清蛋白溶液 称取 1g 牛血清蛋白片溶于 0.9% 氯化钠溶液中，并稀释至 1000mL。

（4）未知样品溶液。

四、实验内容

1. 标准曲线测定

取 8 支干燥的试管，编号，按表 2-1 顺序加入试剂，混匀，室温放置 10min，各管再加福林-酚试剂 B 0.5mL，30min 后比色（500nm），记录各管吸光度数据，每个样品读数 3 次并记录。

2. 样品测定

取 2 支干燥试管，编号，按测标准曲线方法（表 2-1），依次加入样品溶液 0.5mL，福林-酚试剂 A 4.0mL，混匀静置 10min，再加入福林-酚试剂 B 0.5mL，混匀，反应 30min 后，500nm 波长下测吸光度并记录。

表 2-1　标准曲线的绘制及样品测定

试剂	试管号							
	0	1	2	3	4	5	6	7
牛血清蛋白/mL	0	0.05	0.1	0.2	0.3	0.4	0.5	0.5
蒸馏水/mL	0.5	0.45	0.4	0.3	0.2	0.1	0	0
福林-酚试剂 A/mL	4.0	4.0	4.0	4.0	4.0	4.0	4.0	4.0
福林-酚试剂 B/mL	0.5	0.5	0.5	0.5	0.5	0.5	0.5	0.5

五、结果与分析

将所记录数据填在数据记录表中（表 2-2）。

表 2-2　数据记录表

吸光度	第一次								
	第二次								
	第三次								
	平均值								

换算各标准曲线点含蛋白质质量，以蛋白质质量为横坐标（mg）、吸光度为纵坐标，绘制标准曲线，求得标准方程和 R^2。将样品蛋白质吸光度代入方程，计算样品蛋白质含量。

六、思考题

1. 说明福林-酚试剂法的优缺点。
2. 福林-酚试剂法较双缩脲法灵敏，为什么？
3. 为什么加入福林-酚试剂 B 后要马上混匀？

七、注意事项

1. 在实验时，不要将牛血清蛋白和样液加反。
2. 福林-酚试剂 B 加入后，应立即混匀。

3. 一定要注意实验的时间，因为溶液的吸光光度值是随着时间延长在不断增大的，如果时间超过了 30min，则测得的吸光光度值就不准确。

4. 在使用分光光度计时，拿比色皿时要拿它的毛面，不可以用手接触它的光滑面，防止自己手上的油污使测量值不准确。

5. 在擦拭比色皿时，要顺着一个方向擦。

6. 在比色皿中装入的液体量约为比色皿体积的 2/3。

实验四　酵母 RNA 的提取及组分鉴定

一、实验目的

1. 掌握 RNA 的组分和鉴定方法。
2. 学习稀碱法提取酵母 RNA 的原理与操作。

二、实验原理

由于 RNA 的来源和种类很多，因而提取制备方法也各异，一般有苯酚法、去污剂法和盐酸胍法。其中苯酚法是实验室最常用的。组织匀浆用苯酚处理并离心后，RNA 即溶于上层苯酚饱和的水相中，DNA 和蛋白质则留在酚层中，向水层加入乙醇后，RNA 即以白色絮状沉淀析出，此法能较好地除去 DNA 和蛋白质。上述方法提取的 RNA 具有生物活性。工业上常用稀碱法和浓盐法提取 RNA，用这两种方法所提取的核酸均为变性的 RNA，主要用作制备核苷酸的原料，其工艺比较简单。浓盐法是用 10％左右氯化钠溶液，90℃提取 3～4h，迅速冷却，提取液经离心后，上清液用乙醇沉淀 RNA。

稀碱法使用稀碱（本实验用 0.2％ NaOH 溶液）使酵母细胞裂解，然后用酸中和，除去蛋白质和菌体后的上清液用乙醇沉淀 RNA（本实验）或调 pH 为 2.5 利用等电点沉淀。提取的 RNA 有不同程度的降解。酵母含 RNA 达 2.67％～10.0％，而 DNA 含量仅为 0.03％～0.516％，为此，提取 RNA 多以酵母为原料。

三、器材和试剂

1. 器材

干酵母粉（市售），电子天平，100mL 烧杯，50mL 量筒，10mL 量筒，0.5mL 移液管，1mL 移液管，2mL 移液管，5mL 移液管，离心机，锥形瓶，研钵，沸水浴装置等。

2. 试剂

（1）0.2％氢氧化钠溶液　2g NaOH 溶于蒸馏水并稀释至 1000mL。

（2）浓盐酸（AR）。

（3）95％乙醇。

（4）酸性乙醇（CP）。

（5）氨水（CP）。

（6）10％硫酸溶液　浓硫酸（相对密度 1.84）10mL，缓缓倾于水中，稀释至 100mL。

（7）5％硝酸银溶液　5g $AgNO_3$ 溶于蒸馏水并稀释至 100mL，储存于棕色瓶中。

（8）苔黑酚-三氯化铁试剂　将 100mg 苔黑酚溶于 100mL 浓盐酸中，再加入 100mg $FeCl_3 \cdot 6H_2O$。临用时配制。

（9）定磷试剂。

四、实验内容

1. RNA 的提取

称取 8g 干酵母粉于 100mL 研钵中，干研磨，转入锥形瓶后加入 0.2% NaOH 溶液 40mL，沸水浴加热 30min，经常搅拌，冷却后离心 5min（4000r/min）。取上清液，缓慢加入至 30mL 酸性乙醇中，边加边搅。加毕，静置，待完全沉淀，离心 5min（4000r/min），沉淀备用。

向沉淀中加 10% 硫酸液 10mL，转入锥形瓶中，加热至澄清，将 RNA 水解，即为水解液，进行组分鉴定。

2. 鉴定

（1）核糖　取水解液 1mL，加苔黑酚-三氯化铁试剂 1mL，水浴加热，观察颜色变化。

（2）嘌呤碱　取水解液 1mL，加氨水 2mL 及硝酸银溶液 1mL，观察是否产生絮状嘌呤银化合物（有时絮状物出现较慢，可放置几分钟）。

（3）磷酸　取水解液 1mL、定磷试剂 1mL，水浴加热，观察颜色变化。

五、结果与分析

观察记录实验过程中的现象，对其中重要的现象（比如分层、沉淀产生、颜色反应等）作分析讨论。

六、思考题

1. 所得 RNA 是否是纯品？如何进一步纯化？

2. RNA 提取过程中的关键步骤及注意事项有哪些？

3. 本法提取的 RNA 是否具有生物活性？为什么？

七、注意事项

1. RNA 水解过程中，需要边加热边搅拌。

2. 鉴定嘌呤碱时，如果现象不明显，可适当多加 1mL 氨水，然后加硝酸银。

实验五　醋酸纤维薄膜电泳法分离血清蛋白质

一、实验目的

1. 掌握电泳的基本原理。

2. 学会薄膜电泳的基本操作。

3. 掌握血清中不同蛋白质的分离方法。

二、实验原理

本实验是以醋酸纤维素薄膜作为支持体的区带电泳。血清中含有 5 种不同蛋白质（表 2-3）。将这些蛋白质置于 pH 值为 8.6 的缓冲液中，由于 $pI < pH$，因此蛋白质在溶液中带负电，在电场中向正极泳动。

表 2-3　人血清蛋白质组成

蛋白质名称	等电点	分子量
白蛋白（又称清蛋白）	4.88	69000
α_1-球蛋白	5.06	200000
α_2-球蛋白	5.06	300000
β-球蛋白	5.12	90000～150000
γ-球蛋白	6.85～7.50	156000～300000

由于血清中不同蛋白质带有的电荷数量及分子量不同而泳动速度不同。带电荷多及分子量小者泳动速度快；带电荷少及分子量大者泳动速度慢，从而彼此分离。电泳后，将薄膜取出，经染色和漂洗，薄膜上显示出五条蓝色区带，每条带代表一种蛋白质，按泳动快慢顺序，各区带分别为清蛋白、α_1-球蛋白、α_2-球蛋白、β-球蛋白和 γ-球蛋白。

经染色脱色观察不同蛋白质的区带。

三、器材和试剂

1. 器材

电泳仪，电泳槽，醋酸纤维素薄膜，点样器，滤纸，剪刀，镊子，分光光度计，铅笔等。

2. 试剂

（1）新鲜血清（无溶血现象）。

（2）巴比妥-巴比妥钠缓冲液（pH8.6）　称取巴比妥 1.66g 和巴比妥钠 12.76g，溶于少量蒸馏水后定容至 1000mL。

（3）染色液　称取氨基黑 10B 0.5g，加入蒸馏水 40mL、甲醇 50mL 和冰醋酸 10mL，混匀，储存于试剂瓶中。

（4）漂洗液　取 95％乙醇 45mL、冰醋酸 5mL 和蒸馏水 50mL，混匀。

（5）透明液　冰醋酸 25mL、95％乙醇 75mL，混匀。

（6）洗脱液　0.4mol/L NaOH。

四、实验内容

1. 醋酸纤维素薄膜的润湿和选择

将 2.0cm×8.0cm 薄膜用铅笔做上记号，放入缓冲液中浸泡 20min，整条薄膜颜色一致而无白色斑点，则表明薄膜质地均匀（实验中应选择质地均匀的膜）。

2. 制作电桥

将巴比妥缓冲液（pH 8.6）倒入电泳槽内，两槽缓冲液平衡至同一水平面。两电极槽各放入两层滤纸，一端浸入缓冲液中，另一端贴附在电泳槽支架上，它们的作用是联系薄膜与两极缓冲液之间的中间"桥梁"。

3. 点样与电泳

取出浸透的薄膜，平放在滤纸上（无光面向上），轻轻吸去多余的缓冲液。用点样器蘸取血清，"印"在薄膜的点样区（距离底边约 2cm），点样区要呈粗细均匀一直线，只可点一次。将点好样的薄膜两端紧贴在电泳槽支架的滤纸桥上，无光泽面向下，点样端置负极（注意，点样线不可以与电泳桥直接接触），接通电源，电压 160V，电泳 25min。

4. 染色与浸洗

电泳完毕后，切断电源，用镊子将薄膜取出，直接浸于氨基黑 10B 染色液中，10min 后取出。再浸泡于漂洗液，反复漂洗，直至背景无色为止。

5. 结果判断

一般经漂洗后，薄膜上可呈现清晰的 5 条区带，由正极端起，依次为清蛋白、α_1-球蛋白、α_2-球蛋白、β-球蛋白和 γ-球蛋白。

五、结果与分析

观察电泳结果，试分析产生的各电泳条带分别是何种蛋白质，讨论各种蛋白质在血清中的含量。

六、思考题

1. 影响蛋白质电泳迁移速度的因素有哪些？

2. 为什么通常蛋白质电泳缓冲液的 pH 偏碱性？

七、注意事项

1. 醋酸纤维素薄膜一定要充分浸透后才能点样。点样后电泳槽一定要密闭。电流不宜过大，以防止薄膜干燥，电泳图谱出现条痕，甚至烧断。

2. 缓冲溶液离子强度不应小于 0.05 或大于 0.07。因为过小可使区带拖尾，过大则使区带过于紧密。

3. 电泳槽中缓冲液要保持清洁（数天过滤），两极溶液要交替使用；最好将连接正、负极的线路调换使用。

4. 通电过程中，不准取出或放入薄膜。通电完毕后，应先断开电源后再取薄膜，以免触电。

实验六　酶促反应的影响因素

一、实验目的

1. 了解温度、激活剂、抑制剂对酶促反应速率的影响。
2. 学习检定温度、抑制剂影响酶促反应速率的方法。

二、实验原理

在酶促反应中，酶的催化活性与环境温度、pH 有密切关系，通常各种酶只有在一定的温度、pH 范围内才表现其活性，一种酶表现其活性最高时的温度、pH 称为该酶的最适温度、最适 pH。

在酶促反应中，酶的激活剂和抑制剂可加速或抑制酶的活性，如氯化钠在低浓度时为唾液淀粉酶的激活剂，而硫酸铜则是抑制剂。

本实验利用淀粉水解过程中不同阶段的产物与碘有不同的颜色反应，定性观察唾液淀粉酶在酶促反应中各种因素对其活性的影响。

淀粉（遇碘呈蓝色）→紫色糊精（遇碘呈紫色）→红色糊精（遇碘呈红色）→无色糊精（遇碘不呈色）→麦芽糖（遇碘不呈色）→葡萄糖（遇碘不呈色）。

所以淀粉被唾液淀粉酶水解的程度，可由水解混合物遇碘呈现的颜色来判断，以此反映淀粉酶的活性，由此检定温度、pH、激活剂、抑制剂对酶促反应的影响。

三、器材和试剂

1. 器材

试管和试管架，恒温水浴，冰浴，吸量管（1mL 6 支、2mL 4 支、5mL 4 支），滴管，量筒，玻璃棒，白瓷板，秒表，烧杯，棕色瓶。

2. 试剂

（1）新鲜唾液稀释液（唾液淀粉酶液）　每位同学进实验室自己制备，先用蒸馏水漱口，以清除食物残渣，再含一口蒸馏水，0.5min 后使其流入量筒并稀释至 200 倍（稀释倍数可因人而异）混匀备用。

（2）1% 淀粉溶液 A（含 0.3% NaCl）　将 1g 可溶性淀粉及 0.3g 氯化钠混悬于 5mL 蒸馏水中，搅动后，缓慢倒入沸腾的 60mL 蒸馏水中，搅动煮沸 1min，冷却至室温，加水至 100mL，置冰箱中保存。

（3）1% 淀粉溶液 B（不含 NaCl）。

（4）碘液　称取 2g 碘化钾溶于 5mL 蒸馏水中，再加入 1g 碘，待碘完全溶解后，加蒸馏水 295mL，混匀储存于棕色瓶中。

（5）1% NaCl 溶液。

（6）1％ $CuSO_4$ 溶液。

（7）1％ Na_2SO_4 溶液。

四、实验内容

1. 温度对酶促反应的影响

取 4 支洁净试管编号，按表 2-4 进行操作。

表 2-4　温度对酶促反应的影响　　　　　　　　　　　　　　单位：mL

试　剂	试　管　号		
	1	2	3
1％淀粉溶液 A	1.5	1.5	1.5
稀释唾液	1		1
煮沸的稀释唾液		1	
处理方式	37℃恒温水浴，保温 10min		0℃恒温，保温 10min，分一半至 4 号管，将 4 号管 37℃恒温水浴，保温 10min
碘化钾-碘液	1 滴	1 滴	各 1 滴
现象记录			

2. 激活剂、抑制剂对酶促反应的影响

取 4 支洁净试管编号，按表 2-5 加入各试剂。

表 2-5　激活剂、抑制剂对酶促反应的影响　　　　　　　　　单位：mL

试　剂	试　管　号			
	1	2	3	4
0.1％淀粉溶液 B	1.5	1.5	1.5	1.5
稀释唾液	0.5	0.5	0.5	0.5
1％ NaCl 溶液	0.5			
1％CuSO₄溶液		0.5		
1％Na₂SO₄			0.5	
蒸馏水				0.5
处理方式	37℃恒温水浴，保温 10min			
碘化钾-碘液	1 滴	1 滴	1 滴	1 滴
现象记录				

五、结果与分析

根据结果记录，分析影响酶活性的各因素，得出酶活性影响因素结论。

六、思考题

1. 什么是酶的最适温度、最适 pH？它们是酶的特征物理常数吗？

2. 激活剂分几类？氯化钠属哪种类型？硫酸钠对淀粉酶的活性有无影响？

七、注意事项

1. 加入酶液后，要充分摇匀，保证酶液与全部淀粉液接触反应，得到理想的颜色梯度变化。

2. 用玻璃棒取液前，应将试管内溶液充分混匀，取出试液后，立即放回试管中一起保温。

实验七 碱法提取质粒 DNA

一、实验目的

1. 掌握微量移液器、高速离心机等的正确使用方法。
2. 掌握碱法提取质粒 DNA 的原理和方法。

二、实验原理

从细菌中分离质粒 DNA 的方法一般包括 3 个基本步骤：培养细菌使质粒扩增；收集和裂解细胞；分离和纯化质粒 DNA。从大肠杆菌中抽提质粒 DNA 的方法很多，可以在实验中根据不同的需要采用不同的方法，碱变性法因其抽提效果好，收得率高，获得的 DNA 可用于酶切、连接与转化，因而被各实验室广泛采用。碱变性法抽提质粒 DNA 的基本原理是根据染色体 DNA 和质粒 DNA 分子量的巨大差异而达到分离的目的。首先用含一定浓度葡萄糖的缓冲液（溶液Ⅰ）悬浮菌体，再加入溶液Ⅱ（NaOH、SDS）后，碱性环境下菌体的细胞壁裂解，而使质粒缓慢释放出来，并且碱性条件使 DNA 的氢键断裂，宿主染色体双螺旋结构解开而变性，而闭合环状的质粒 DNA 的两条链不会完全分离，当加入溶液Ⅲ中和后，宿主染色体 DNA 分子量大，还没来得及复性，就在冰冷的条件下与 SDS、蛋白质、高分子量的 RNA 等缠绕在一起而沉淀下来，质粒 DNA 则由于能够迅速配对恢复原来的构型而溶解在上清液中。然后用酚、氯仿多次抽提进一步纯化质粒 DNA。氯仿可使蛋白质变性并有助于液相与有机相的分开，异戊醇则可消除抽提过程中出现的泡沫。再用两倍体积的无水乙醇洗涤沉淀，以去除残留的氯仿。最后用 75％乙醇溶液洗涤沉淀，以去除残留的盐离子。最后获得的质粒 DNA 储存在 TE 溶液中，－20℃保存，用于下一步凝胶电泳鉴定。

三、器材和试剂

1. 器材

恒温培养箱，恒温摇床，台式离心机，高压灭菌锅，制冰机，电子天平，pH 计，量筒（10mL，100mL，500mL，1000mL），烧杯（50mL，100mL，500mL，1000mL），一次性手套，玻璃棒，称量勺，微量移液器（1000μL，200μL，20μL），酒精灯，灭菌的 1.5mL 离心管（eppendorf 管），灭菌吸头（1000μL，200μL），相应的吸头盒，吸水纸，250mL 锥形瓶，含 pKS 质粒或 pUC 系列质粒的大肠杆菌。

2. 试剂

（1）2mol/L 葡萄糖 36g 葡萄糖，溶于 60mL 蒸馏水中，再加蒸馏水至 100mL，然后用 0.22μm 滤器除菌过滤，－20℃保存。

（2）10％ SDS（十二烷基硫酸钠） 1g SDS，溶于 60mL 蒸馏水中（加热至 68℃助溶，加入几滴浓盐酸调节溶液的 pH 值至 7.2）再加蒸馏水至 100mL，无需灭菌。因 SDS

微粉易扩散，称量需戴面具。称后要及时清洁称量区。

（3）2mol/L NaOH　NaOH 8g，溶于 10mL 蒸馏水中，再加蒸馏水至 100mL。

（4）1mol/L Tris-HCl（pH 8.0）　蒸馏水 600mL，Tris 121.2g；HCl 35mL；用 HCl 将 pH 调至 8.0，再加蒸馏水至 1000mL。

（5）2mol/L Tris-HCl（pH7.4）　蒸馏水 300mL；Tris 121.2g；HCl 35mL；用 HCl 将 pH 调至 7.4，再加蒸馏水至 500mL。

（6）0.1mol/L EDTA（pH8.0）　18.7g EDTA Na$_2$·2H$_2$O，溶于 300mL 蒸馏水中，用 10mol/L NaOH 将 pH 调至 8.0，加蒸馏水至 500mL，室温保存。

（7）去离子灭菌水。

（8）70%乙醇　用新开装的无水乙醇 35mL，加去离子灭菌水定容至 50mL 配成，储存于 4℃冰箱，用后即放回。

（9）氨苄西林（Amp）　100mg/mL。

（10）卡那霉素（Kan）　50mg/mL。

（11）培养基　LB 液体培养基（pH 7.0）200mL 分装在 6 个 100mL 体积的锥形瓶内，灭菌。

（12）TE 缓冲液　pH7.4，配制 10mL。

（13）溶液 Ⅰ　按表 2-6 的配方配制 50mL，灭菌，0～4℃保存。

表 2-6　溶液 Ⅰ 的配方

母液	加入体积/mL	终浓度/（mmol/L）
2mol/L 葡萄糖	1.25	50
1mol/L Tris-HCl(pH 8.0)	1.25	25
0.1mol/L EDTA(pH8.0)	5.0	10
灭菌水	42.5	

（14）溶液 Ⅱ　按表 2-7 的配方现配现用，配制 100mL。

表 2-7　溶液 Ⅱ 的配方

母液	加入体积/mL	终浓度
2mol/L NaOH	10	0.2mol/L
10% SDS	10	1%
灭菌水	80	

（15）溶液 Ⅲ　配制 100mL，灭菌，储存于 4℃冰箱，用后即放回。

29.4g 乙酸钾，加 50mL 蒸馏水，用冰醋酸将 pH 调至 4.8，再加蒸馏水至 100mL。

（16）Tris 饱和酚（pH7.0）　苯酚需要重蒸后加 Tris-HCl（pH7.4）制成饱和酚。

（17）Tris 饱和酚（pH7.0)-氯仿-异戊醇　体积比 25∶24∶1。

四、实验内容

实验内容和步骤见表 2-8。

表 2-8　实验内容和步骤

步骤	注意事项
1. 在含 50～100μg/mL Amp,50mL LB 液体培养基中,接入已长到 1～3mm 的转化子菌落,37℃,220r/min,振荡培养 16～18h	
2. 吸取 1.5mL 培养液,12000r/min 离心 3min,弃上清液,收集菌体	收集菌体时要尽量除尽水分
3. 加入 150μL 溶液Ⅰ,在快速混匀器上使菌体均匀悬浮,冰上放置 3min 左右	菌体在溶液Ⅰ和溶液Ⅱ中悬浮要尽量均匀。整个过程动作轻柔,防止提取的 DNA 链断开 如果想去掉 RNA,可以在溶液Ⅰ中加入 100μg/mL 的 RNase,一般来说 RNA 对操作过程影响不大,且易在放置过程中分解
4. 加入 200μL 溶液Ⅱ,轻柔颠倒混匀,放置于冰上不能超过 5min	悬浮要尽量均匀。整个过程动作轻柔,防止提取的 DNA 链断开
5. 加入 150μL 溶液Ⅲ,颠倒混匀,冰上放置 10min 左右,使细胞壁和蛋白质等杂质沉淀	
6. 12000r/min 离心 10min,0～4℃	
7. 吸上清液移到另一管中,得到上清液 400μL,加入 400μL 25∶24∶1(体积比)的饱和酚-氯仿-异戊醇溶液振荡混匀,12000r/min 离心 2min,取上清液	为了得到高纯度的质粒 DNA,可以在乙醇沉淀之前,再用苯酚氯仿抽提一次
8. 仔细吸取上清液 350μL 左右,加两倍体积的预冷无水乙醇混合均匀,冰上放置 10min	注意不要吸入沉淀和液面上漂浮的杂质
9. 12000r/min 离心 15min	得质粒沉淀
10. 弃上清液,用 70%乙醇洗涤两次,同步骤 8	加两倍体积的无水乙醇离心如果得不到质粒沉淀,可以放入－20℃冰箱,冷藏 1h 以后再离心,观察是否有沉淀
11. 真空抽干或自然风干,加 20μL TE 缓冲液或无菌超纯水溶解质粒 DNA	
12. 再放入－20℃冰箱,备用	

五、结果与分析

通过肉眼观察:是否有白色絮状沉淀,量多还是少。具体提取质粒质量可以通过电泳检验。

六、思考题

1. 溶液Ⅰ、溶液Ⅱ、溶液Ⅲ的主要成分及作用是什么?

2. 本实验中,质粒 DNA 与基因组染色体 DNA 是如何分离开来的?

实验八 VC 含量测定——2,6-二氯酚靛酚滴定法

一、实验目的

1. 学习 2,6-二氯酚靛酚滴定法定量测定维生素 C 的原理和方法。
2. 掌握滴定管基本操作过程。

二、实验原理

VC（维生素 C）是一种水溶性维生素，是人类重要的营养素之一，绿色蔬菜和水果中含量很丰富。VC 有强的还原性，在碱性条件、加热并有氧化剂存在时 VC 易被氧化破坏。2,6-二氯酚靛酚在碱性溶液中为蓝色，在酸性溶液中为红色，被还原后变为无色。因此可用 2,6-二氯酚靛酚测样品中的 VC 含量，VC 可将染料还原为无色，同时 VC 被氧化成脱氢 VC，VC 全部被氧化后，滴入的染料使溶液呈淡粉红色。根据消耗染料的量可计算出样品中 VC 的含量。

三、器材和试剂

1. 器材

电子天平，量筒，研钵，漏斗，5mL 微量滴定管，纱布，50mL 容量瓶，1.0mL 移液管，10.0mL 移液管，100mL 锥形瓶，猕猴桃若干等。

2. 试剂

（1）1% 草酸溶液　称取 10g 草酸，加水至 1000mL。

（2）2% 草酸溶液　称取 20g 草酸，加水至 1000mL。

（3）VC 标准液　准确称取 10mg VC 溶于 100mL 1% 草酸中，即 VC 的浓度为 0.1mg/mL。

（4）0.05% 的 2,6-二氯酚靛酚溶液　称取 2,6-二氯酚靛酚 500mg，溶于 300mL 含有 104mg 碳酸氢钠的热水中，冷却后，稀释至 1000mL，过滤于棕色瓶中，储存于冰箱内。

四、实验内容

1. 提取 VC

称取猕猴桃 10~15g，加入 15mL 2% 草酸溶液，用研钵磨成匀浆。两层滤布过滤取得滤液，用少量 2% 草酸溶液洗研钵几次，倒入滤渣中，合并滤液，定容至 50mL。（注意：切勿过量）

2. 标准液滴定

取 VC 标准液 4mL 于 100mL 锥形瓶中，加 6mL 1% 草酸溶液，用 2,6-二氯酚靛酚溶液（滴定液）滴定至淡红色。记录所消耗滴定溶液的量，计算出 1mL 滴定溶液所能氧化

VC 的量。

$$1\text{mL 滴定液氧化 VC 的质量} = \frac{\text{VC 浓度} \times \text{VC 体积}}{\text{消耗滴定液体积}}$$

3. 空白滴定

取 10mL 1‰草酸溶液放入锥形瓶中，滴定，方法同"2. 标准液滴定"中的操作，作为空白对照。

4. 样品滴定

另吸取两份 10mL 样品，放入两个锥形瓶中，分别滴定，方法同"2. 标准液滴定"中的操作。记录滴定溶液所用的体积。

五、结果与分析

取两份 10mL 样品所用染料溶液体积的平均值，代入下面公式计算 100g 样品中还原型 VC 的含量：

$$\text{VC 含量}(\text{mg/100g}) = \frac{(V_1 - V_2) \times V \times c \times 100}{V_3 \times m}$$

式中，V_1 为滴定样品所消耗染料溶液的平均体积，mL；V_2 为滴定空白对照所消耗染料溶液体积，mL；V 为样品提取液的总体积，mL；V_3 为滴定时所取的样品提取液的体积，mL；c 为 1mL 染料溶液所能氧化 VC 的质量，mg/mL；m 为样品的质量，g。

六、思考题

1. 说明 VC 的分类、结构和作用，本实验测定的是何种 VC？
2. 为什么 VC 长时间暴露在空气中会失效？

七、注意事项

1. 样品提取过程避免与铜、铁接触，滴定过程要迅速，不超过 2min，样品滴定消耗染料以 1～5mL 为宜，如超出此范围，应增加或减少样品用量。

2. 如果样品泡沫过多，可加几滴辛醇消泡。

3. 样品中含有色素会干扰对终点的判断。

4. 本法只能测定还原型 VC，不能测出具有相同生理功能的氧化型 VC 和结合型 VC。

5. 用 2‰草酸溶液制备提取液可有效抑制 VC 氧化酶，而 1‰草酸溶液无此作用。

实验九　过氧化氢酶米氏常数（K_m）的测定

一、实验目的

1. 学习米氏常数（K_m）的测定方法。
2. 掌握米氏常数的概念和意义。

二、实验原理

过氧化氢酶（catalase，CAT）能催化下列反应，H_2O_2 浓度可用 $KMnO_4$ 在硫酸存在下滴定测知。

$$2H_2O_2 \longrightarrow 2H_2O + O_2 \uparrow$$
$$2KMnO_4 + 5H_2O_2 + 3H_2SO_4 \longrightarrow 2MnSO_4 + K_2SO_4 + 5O_2 \uparrow + 8H_2O$$

求出反应前后 H_2O_2 的浓度差即为反应消耗的 H_2O_2，根据酶促反应速率为单位时间内底物的消耗量，计算酶促反应速率。再根据米氏方程的双倒数作图法求出过氧化氢酶的米氏常数（图 2-4）。

$$\frac{1}{v} = \frac{K_m}{v_{max}} \times \frac{1}{[S]} + \frac{1}{v_{max}}$$

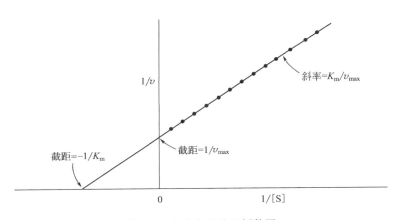

图 2-4　米氏方程的双倒数图

三、器材和试剂

1. 器材

电子天平，量筒，研钵，漏斗，5mL 微量滴定管，纱布，50mL 容量瓶，1.0mL 移液管，10.0mL 移液管，锥形瓶，马铃薯若干。

2. 试剂

（1）0.05mol/L 草酸钠标准液　将草酸钠（AR）于 100～105℃烘 12h。冷却后，准

确称取 0.67g，用水溶解倒入 100mL 容量瓶中，加入浓 H_2SO_4 5mL，加蒸馏水至刻度，充分混匀。此液可储存数周。

（2）约 0.02mol/L $KMnO_4$ 储存液　称取 $KMnO_4$ 3.4g，溶于 1000mL 蒸馏水中，加热搅拌，待全部溶解后，用表面皿盖住，在低于沸点温度上加热数小时，冷后放置过夜，玻璃丝过滤，棕色瓶内保存。

（3）0.004mol/L $KMnO_4$ 应用液　取 0.05mol/L 草酸钠标准液 20mL 于锥形瓶中，于 70℃ 水浴中用 $KMnO_4$ 储存液滴定至微红色，根据滴定结果算出 $KMnO_4$ 储存液的标准浓度，稀释成 0.004mol/L，每次稀释都必须重新标定储存液。

（4）约 0.05mol/L H_2O_2 液　取 20％ H_2O_2（AR）40mL 于 1000.0mL 量瓶中，加蒸馏水至刻度，临用时用 0.004mol/L $KMnO_4$ 应用液标定，稀释至所需浓度。

（5）0.2mol/L 磷酸盐缓冲液（pH7.0）。

（6）酶液　称取马铃薯 5g，加缓冲液 10mL，匀浆，过滤。

四、实验内容

1. H_2O_2 浓度的标定

取洁净锥形瓶两只，各加浓度约为 0.05mol/L 的 H_2O_2 溶液 2.0mL 和 25％ H_2SO_4 溶液 2.0mL，分别用 0.004mol/L $KMnO_4$ 应用液滴定至微红色。从滴定用去 $KMnO_4$ 应用液的体积（mL），求出 H_2O_2 的物质的量浓度。

2. 反应速率的测定

取干燥洁净 50mL 锥形瓶 5 只，编号，按表 2-9 操作。

表 2-9　反应速率的测定方法

加入物	1	2	3	4	5
H_2O_2（0.05mol/L）/mL	0.5	1.0	1.5	2.0	4.0
蒸馏水/mL	4.0	3.5	3.0	2.5	0.5
酶液/mL	0.5	0.5	0.5	0.5	0.5
加入酶液后立刻混匀,依次记录各瓶反应起始时间,时间达到 5min 时,立即加 2.0mL 25％ H_2SO_4 溶液终止反应,边加边摇,充分混匀					
用 0.004mol/L $KMnO_4$ 滴定各瓶中剩余的 H_2O_2 至微红色(30s 不褪色),记录消耗的 $KMnO_4$ 体积(mL)					
$KMnO_4$（0.004mol/L）/mL					

依次加入酶液每瓶 0.5mL，边加边摇，反应时间 5min，按顺序向各瓶加 25％ H_2SO_4 溶液 2.0mL，边加边摇，使酶促反应立即终止。

3. 滴定

用 0.004mol/L $KMnO_4$ 应用液滴定各瓶至微红色，记录 $KMnO_4$ 消耗量（mL）。

五、结果与分析

1. 反应速率的计算：以反应消耗的 H_2O_2 物质的量（mmol）表示

反应速率＝加入的 H_2O_2 物质的量（mmol）－剩余的 H_2O_2 物质的量（mmol）

即：H_2O_2 物质的量浓度×加入的体积（mL）－$KMnO_4$ 应用液物质的量浓度×消耗的 $KMnO_4$ 应用液体积（mL）×5/2

式中，5/2 为 $KMnO_4$ 与 H_2O_2 反应中的换算系数。

2. 求 K_m 值

下面引用一次实验结果为例，求过氧化氢酶的 K_m 值，供计算参考。已知 $KMnO_4$ 为 0.004mol/L，标定出 H_2O_2 浓度为 0.05mol/L，如表 2-10 所示。

表 2-10 K_m 值的测定方法

计算程序	1	2	3	4	5
①加入 H_2O_2 体积/mL	0.5	1.0	1.5	2.0	4.0
②加入 H_2O_2 物质的量(mmol)＝①×0.05	0.025	0.05	0.075	0.1	0.2
③底物浓度[S]＝②/5	0.005	0.01	0.015	0.02	0.04
④酶作用后，$KMnO_4$ 滴定消耗体积/mL	1.91	3.85	5.79	7.63	14.90
⑤剩余 H_2O_2 物质的量(mmol)＝④×0.004×5/2	0.0191	0.0385	0.0579	0.0763	0.149
⑥反应速率 v＝②－⑤	0.0059	0.0115	0.0171	0.0237	0.051

六、思考题

1. K_m 值的意义是什么？

2. 测酶 K_m 值的实验中，需要特别注意哪些操作？

第三章　微生物学实验

实验十　普通光学显微镜的使用及微生物形态观察

一、实验目的

1. 掌握普通光学显微镜的结构、各部分功能和使用方法。
2. 掌握显微镜分辨率的定义。
3. 了解微生物在光学显微镜下的基本形态。

二、实验原理

光学显微镜是生物科学和医学研究领域常用的仪器，它在微生物学、细胞生物学、组织学、病理学及其他有关学科的教学研究工作中有着极为广泛的用途。现代普通光学显微镜利用目镜和物镜两组透镜系统来放大成像，故又被称为复式显微镜。普通光学显微镜主要由机械系统和光学系统两部分构成，构造如图 3-1 所示，光学系统则主要包括光源、反光镜、聚光器、物镜和目镜等部件。

在光学系统中，物镜的性能最为关键，它直接影响着显微镜的分辨率（resolution）或者分辨力（resolving power）。分辨率是指显微镜能清楚分辨两点之间最小距离的能力，分辨率越小，分辨能力越高。从物理角度看，光学显微镜的分辨率受光的干涉现象和物镜的性能限制，可表示为：

$$R = \frac{\lambda}{2\mathrm{NA}}$$

式中，λ 为光源光波波长；NA 为物镜的数值孔径。

数值孔径则取决于物镜的镜口角以及样品和物镜之间介质的折射率，可以表示为：

$$\mathrm{NA} = n\sin\frac{\theta}{2}$$

式中，n 是样品和物镜之间介质的折射率；θ 是物镜镜口角（实际工作中，镜口角一般不超过 120°）。

高倍镜和低倍镜镜头工作时，介质为空气，n 为 1，NA 都较小，油镜镜头工作时，

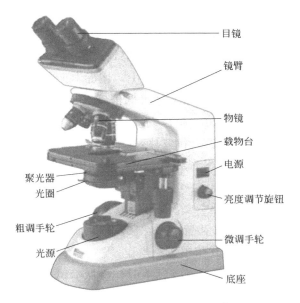

图 3-1　普通光学显微镜构造示意图

介质为香柏油，其折射率为 1.52，所以油镜具有更大数值孔径（1.25 左右）。若以可见光的平均波长 $0.55\mu m$ 来计算，数值孔径为 0.65 左右的高倍镜的最小分辨率为 $0.4\mu m$，而油镜的分辨率可以达到 $0.2\mu m$ 左右。

　　显微镜还有另外一个重要参数是放大倍数，其等于目镜放大倍数与物镜放大倍数的乘积。

三、器材和试剂

1. 器材
普通光学显微镜，擦镜纸。

2. 试剂
无水乙醚，香柏油。

3. 菌种
细菌三型标本片，酿酒酵母标本片，青霉标本片，曲霉标本片。

四、实验内容

1. 观察前准备
① 将显微镜小心地从镜箱中取出（移动显微镜时应以右手握住镜臂，左手托住镜座），放置在实验台的偏左侧，以镜座的后端离实验台边缘约 6～10cm 为宜。

② 连上电源，打开电源开关，调节亮度调节旋钮至电源灯亮起。

③ 根据使用者的个人情况，调节双筒显微镜的目镜。

2. 显微镜观察

一般情况下，特别是初学者，进行显微镜观察时要遵守从低倍镜到高倍镜再到油镜的观察程序，因为低倍镜视野相对较大，容易发现目标。

（1）低倍镜观察　将标本玻片置于载物台上，用标本夹夹住，调节载物台使得观察对象处于物镜的正下方。调节物镜转换器，使得低倍镜进入工作状态。用粗调手轮慢慢升起载物台，使得标本片与低倍镜镜头距离约为 0.5cm 时（注意操作时必须从侧面注视镜头与玻片的距离，以避免损坏镜头和玻片），然后在目镜上观察，同时慢慢转动粗调手轮使载物台下降，直至视野中出现物像为止，再转动微调手轮，使视野中的物像最清晰。

如果需要观察的物像不在视野中央，甚至不在视野内，可用标本移动器前后、左右移动标本的位置，使物像进入视野并移至中央。在调焦时如果镜头与玻片标本的距离已超过了 1cm 还未见到物像时，应按上述步骤重新操作。

（2）高倍镜观察　在使用高倍镜观察标本前，将低倍镜下的观察对象移至视野中央，同时调准焦距使被观察的物像最清晰。轻轻转动物镜转换器，将高倍镜调节至工作状态，根据物镜的同焦现象，此时，视野中一般可见到不太清晰的物像，只需调节微调手轮，可使物像清晰。

（3）油镜观察　用高倍镜找到所需观察的标本物像，并将需要进一步放大的部分移至视野中央，将高倍镜镜头转离工作状态，在样品区域滴加一滴香柏油，将油镜镜头转至工作状态（切不可将高倍镜转动经过加有镜油的区域），油镜的下端镜面一般应正好浸在油滴中。调节聚光器至最高位置并开足光圈，双眼注视目镜中，同时小心而缓慢地转动微调手轮，直至视野中出现清晰的物像，仔细观察标本并记录所观察的结果。

3. 显微镜用毕后的处理

油镜使用完毕后，要清理镜头，先用擦镜纸擦去镜头上的油，再用擦镜纸蘸上少许二甲苯或者无水乙醚擦去残留油迹，最后再用干净的擦镜纸擦拭。

将显微镜各部分还原，将光源亮度调节至最低后关闭，将最低放大倍数的物镜转到工作位置，将载物台降至最低，降下聚光器，切断电源。

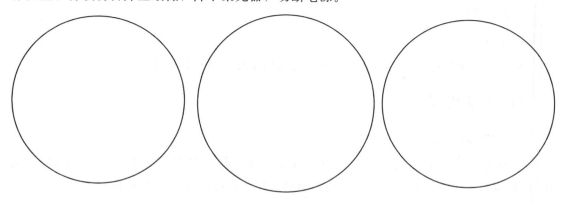

图 3-2　细菌、酵母和霉菌的形态图

注：观察物镜，放大倍数＿＿＿＿＿

五、实验报告

实验结果记录：绘出油镜下细菌三型标本片的形态图、高倍镜下酵母菌形态图、低倍镜下青霉或者曲霉的形态图（图 3-2）。

六、思考题

1. 油镜观察时应该注意哪些问题？在样品和镜头之间滴加香柏油有什么用？

2. 什么是物镜同焦现象？有什么意义？

3. 影响显微镜分辨率的因素有哪些？

实验十一　细菌的革兰氏染色

一、实验目的

1. 学习并掌握革兰氏染色法。
2. 了解革兰氏染色原理。
3. 巩固显微镜操作技术。
4. 学习微生物涂片和无菌操作技术。

二、实验原理

革兰氏染色法是 1884 年由丹麦病理学家 Christain Gram 创立的，而后一些学者在此基础上做了某些改进。革兰氏染色法是细菌学中最重要的鉴别染色法。革兰氏染色法将细菌分为革兰氏阳性菌和革兰氏阴性菌，这是由两类细菌细胞壁的结构和组成不同决定的。当用结晶紫初染后，所有细菌都被染成初染剂的蓝紫色。碘作为媒染剂，它能与结晶紫结合成结晶紫-碘的复合物，从而增强了染料与细菌的结合力。当用脱色剂处理时，两类细菌的脱色效果是不同的。革兰氏阳性菌的细胞壁肽聚糖含量高、交联度高、壁厚、类脂质含量低，用乙醇（或丙酮）脱色时细胞壁脱水、使肽聚糖层的网状结构孔径缩小，透性降低，从而使结晶紫-碘的复合物不易被洗脱而保留在细胞内，经脱色和复染后仍保留初染剂的蓝紫色。革兰氏阴性菌则不同，由于其细胞壁肽聚糖层较薄，交联度低，类脂质含量高，所以当脱色处理时，类脂质被乙醇（或丙酮）溶解，细胞壁透性增大，使结晶紫-碘的复合物比较容易被洗脱出来，用复染剂复染后，细胞被染上复染剂的红色。

三、器材和试剂

1. 器材

普通光学显微镜，载玻片，擦镜纸，接种环，酒精灯，胶头滴管，吹风机、吸水纸。

2. 试剂

草酸铵结晶紫染液，卢戈氏碘液，95％乙醇，番红复染液，无菌生理盐水，无水乙醚，香柏油。

3. 菌种

大肠杆菌 16h 斜面培养物，金黄色葡萄球菌 16h 斜面培养物。

四、实验内容

1. 细菌制片

（1）涂片　取一块洁净的载玻片，滴一滴生理盐水于载玻片中央，在酒精灯旁用接种环无菌操作由试管斜面上挑取适量菌苔，于生理盐水中涂抹，使得菌悬液在载玻片上形成均匀薄膜。若用液体培养物涂片时，可用接种环蘸取 1～2 环菌液直接涂于载玻片上。

（2）干燥 将细菌涂片自然干燥或者用吹风机干燥。

（3）固定 细菌涂片涂面朝上，通过酒精灯火焰 2～3 次（以玻片不烫手为宜）（图 3-3）。

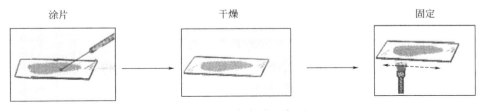

涂片 　　　　　　干燥 　　　　　　固定

图 3-3 细菌制片示意图

2. 革兰氏染色

（1）初染 滴加草酸铵结晶紫染液，以刚好将菌膜覆盖为宜，染色 1～2min 后倾去染液，水洗至流出水无色。

（2）媒染 用卢戈氏碘液冲去残水，并用碘液覆盖约 1min，倾去碘液，水洗至流出水无色。

（3）脱色 用吸水纸吸去玻片上的残水，将玻片倾斜，在白色背景下，用滴管流加 95％的乙醇脱色（一般 20～30s），至流出液无色时，立即水洗。

（4）复染 用吸水纸吸去玻片上的残水，用番红染液复染约 2min，水洗，吸去残水晾干或吹风机干燥。

3. 显微观察

遵循从低倍镜到高倍镜到油镜的观察方法，仔细观察细菌在油镜下的染色结果和形态，并记录。

五、实验报告

绘出油镜下观察的细菌的形态图（图 3-4），并将染色结果填入表 3-1。

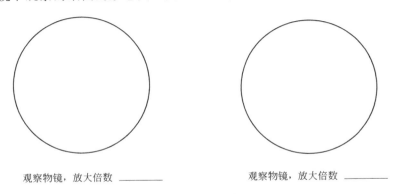

观察物镜，放大倍数 _____　　　　　观察物镜，放大倍数 _____

图 3-4 细菌形态图

表 3-1　结果记录表

菌种	菌体颜色	细菌形态	染色结果

六、思考题

1. 你的染色结果是否正确？如果不正确，请说明原因。

2. 要成功进行革兰氏染色，有哪些问题需要注意？

3. 现有一株未知杆菌，个体明显大于大肠杆菌，请你鉴定该菌是革兰氏阳性还是革兰氏阴性，如何确定染色结果的正确性？

4. 革兰氏染色中，乙醇脱色后番红复染之前，革兰氏阳性菌和革兰氏阴性菌应分别是什么颜色？

实验十二 放线菌、霉菌的形态观察

一、实验目的

1. 学习并掌握放线菌、霉菌的制片方法。
2. 了解放线菌、霉菌的形态特征和相互区别。

二、实验原理

放线菌呈菌丝状形态，其菌丝可分化为营养菌丝、气生菌丝和孢子丝，制片时不宜采用涂片法，以免破坏细胞及菌丝形态。通常用插片法、印片法（图 3-5）或者玻璃纸法并结合简单染色进行观察。在印片法中，首先将接种有放线菌的平板中间挖掉一条宽约 1～2cm 的培养基形成一条凹槽，将灭菌的载玻片架在凹槽上，置于培养箱中培养，则部分放线菌会沿载玻片和培养基交接处生长而附着在载玻片上，取出载玻片可直接在显微镜下观察放线菌在自然生长条件下的形态特征，而且有利于不同生长时期放线菌的形态观察。

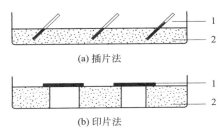

(a) 插片法

(b) 印片法

图 3-5 插片法和印片法示意图

1—灭菌盖玻片；2—固体培养基

霉菌呈菌丝体形态，其菌丝比放线菌粗几倍到几十倍，可分化为营养菌丝、气生菌丝和繁殖菌丝，通常其繁殖菌丝会形成各种形态的子实体。可通过玻璃纸法结合石炭酸棉蓝染色进行观察。在玻璃纸法中，采用的玻璃纸是一种透明的半透膜，将霉菌孢子接种在覆盖在固体培养基的玻璃纸上，水分和小分子的营养物质能通过玻璃纸被菌体吸收利用，而菌丝不能穿透玻璃纸从而和培养基分离，观察时只要揭下玻璃纸转移到载玻片上，即可镜检观察。石炭酸可以杀死菌体及孢子并可以防腐，棉蓝可以使菌体着色。

三、器材和试剂

1. 器材

普通光学显微镜，吹风机，擦镜纸，镊子，剪刀，载玻片。

2. 试剂

草酸铵结晶紫染液，石炭酸棉蓝染液，无水乙醚，香柏油，50% 乙醇。

3. 菌种

链霉菌 3～5 天高氏 I 号培养基平板培养物，黑曲霉 48h 马铃薯琼脂平板培养物，黑根霉 48h 马铃薯琼脂平板培养物。

四、实验内容

1. 放线菌观察

用镊子小心取出载玻片，擦去背面黏着的培养基，有菌面朝上，用草酸铵结晶紫染色 1min 后，冲去染色液，干燥。将染色后的载玻片置于显微镜载物台上，遵循从低倍镜到高倍镜到油镜观察的顺序，记录放线菌的形态特征。

2. 霉菌观察

取一块洁净的载玻片，在中央区域滴一滴石炭酸棉蓝染色液，用剪刀和镊子小心地剪取一小块长菌地玻璃纸，放入 50% 乙醇中浸洗去表面的孢子，然后菌面朝上置于染色液中，将菌丝小心分开，盖上盖玻片，用低倍镜和高倍镜观察霉菌的形态。

五、实验报告

实验结果记录如下。

（1）绘出放线菌在油镜下的形态图，并标明各部分名称。

（2）绘出黑根霉和黑曲霉在低倍镜下的形态图（图 3-6），并标明各部分名称。

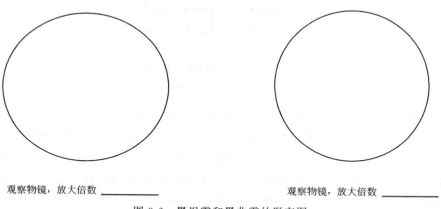

观察物镜，放大倍数 _____　　　　　观察物镜，放大倍数 _____

图 3-6　黑根霉和黑曲霉的形态图

六、思考题

黑根霉和黑曲霉在形态特征和菌落特征上有何区别？

实验十三　微生物大小测定和显微计数

一、实验目的

1. 学习并掌握使用测微尺测定微生物大小的原理和方法。
2. 学习并掌握使用血细胞计数板测定微生物细胞数量的原理和方法。

二、实验原理

1. 微生物大小测定

微生物细胞的大小是微生物重要的形态特征之一。微生物细胞大小的测定需借助特殊的测量工具——显微测微尺。测微尺包括目镜测微尺和镜台测微尺（图 3-7）。

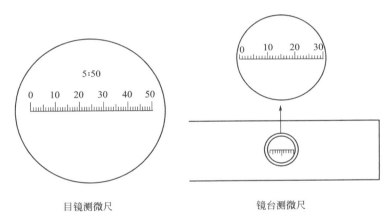

图 3-7　测微尺示意图

镜台测微尺（图 3-7 右）是中央部分刻有精确等分线的载玻片，标尺总长度为 1mm，等分为 10 个大格，每大格又分为 10 小格，共 100 小格，每小格长 $10\mu m$（即 0.01mm）。镜台测微尺并不是直接用来测定细胞大小的，而是专门用来校正目镜测微尺每格的相对长度。

目镜测微尺（图 3-7 左）是一块可放入目镜内的圆形玻片，其中央有精确的等分刻度，一般有等分为 50 小格和 100 小格两种。测量时，将其放在接目镜中的隔板上，来测量经显微镜放大后的细胞物像。由于不同目镜、物镜组合的放大倍数不相同，目镜测微尺每格实际表示的长度也不一样，因此目镜测微尺测量微生物大小时，须先用置于镜台上的镜台测微尺校正，以求出在一定放大倍数下，目镜测微尺每小格所代表的相对长度。然后根据微生物细胞相当于目镜测微尺的格数，即可计算出细胞的实际大小。

2. 显微计数

显微镜直接计数法是将小量待测样品的悬浮液置于一种特别的具有确定面积和容积的载玻片上（又称计菌器），于显微镜下直接计数的一种简便、快速、直观的方法。目前国内外常用的计菌器有：血细胞计数板、Peteroff-Hauser 计菌器以及 Hawksley 计菌器等。

计数基本原理相同。其中血细胞计数板较厚，不能使用油镜，常用于个体相对较大的细胞计数；后两种计数器则可以用于油镜对较小的细菌细胞计数。

血细胞计数板是一块特制的载玻片，其上由 4 条槽构成 3 个平台，中间较宽的平台又被一短横槽隔成两半，每一边的平台上各列有一个方格网，每个方格网共分为九个大方格，中间的大方格即为计数室。计数室的刻度一般有两种规格，一种是一个大方格分成 25 个中方格，而每个中方格又分成 16 个小方格；另一种是一个大方格分成 16 个中方格，而每个中方格又分成 25 个小方格。无论是哪一种规格的计数板，每一个大方格中的小方格都是 400 个。每一个大方格边长为 1mm，则每一个大方格的面积为 $1mm^2$，盖上盖玻片后，盖玻片与载玻片之间的高度为 0.1mm，所以计数室的容积为 $0.1mm^3$（$10^{-4}mL$）。血细胞计数板和计数室如图 3-8 所示。

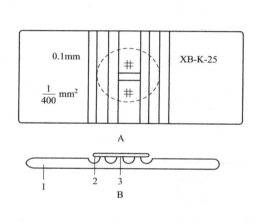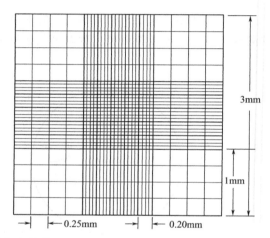

图 3-8　血细胞计数板和计数室示意图

计数时，通常数五个中方格的总菌数，然后求得每个中方格的平均值，再乘以 25 或 16，就得出一个大方格中的总菌数，然后再换算成 1mL 菌液中的总菌数。以 25 个中方格的计数板为例，设 5 个中方格中的总菌数为 A，菌液稀释倍数为 B，则：

$$1mL 菌液中的总菌数 = \frac{A}{5} \times 25 \times 10^4 \times B$$

三、器材和试剂

1. 器材

普通光学显微镜，目镜测微尺，镜台测微尺，血细胞计数板，滴管，载玻片，盖玻片，血盖片，吸水纸，镊子，无菌接种环，带有玻璃珠的锥形瓶等。

2. 试剂

吕氏碱性美蓝溶液。

3. 菌种

酿酒酵母菌悬液。

四、实验内容

1. 微生物大小测定

（1）目镜测微尺安装　取出目镜，把目镜上的透镜旋下，将目镜测微尺刻度朝下放在目镜镜筒内的隔板上，然后旋上目镜透镜，再将目镜插回镜筒内。

（2）目镜测微尺校正　将镜台测微尺刻度面朝上放在显微镜载物台上。先用低倍镜观察，将镜台测微尺有刻度部分移至视野中央，调节焦距，当清晰地看到镜台测微尺刻度后，转动目镜使目镜测微尺的刻度与镜台测微尺的刻度平行（图 3-9）。利用玻片推进器移动镜台测微尺，使两尺的最左边的刻度线完全重合，然后找出其他重合的刻度线，选择距离较远的重合刻度线，分别数出两条重合线之间目镜测微尺和镜台测微尺所占的格数。

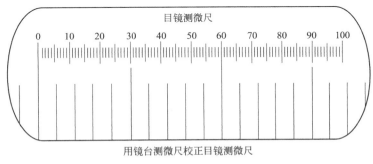

用镜台测微尺校正目镜测微尺

图 3-9　测微尺校正示意图

由于已知镜台测微尺每小格代表的长度是 $10\mu m$，可知两重合线之间的实际长度，可根据以下公式计算在此放大倍数下，目镜测微尺每格代表长度。

$$目镜测微尺每格长度（\mu m）=\frac{两重合线间镜台测微尺格数\times 10\mu m}{两重合线间目镜测微尺格数}$$

用同样的方法换成高倍镜和油镜进行校正，可以测出在高倍镜和油镜下，目镜测微尺实际代表的长度。

校正完毕后，取下镜台测微尺。

（3）酵母菌制片　取一块洁净的载玻片，在中央区域滴上一小滴吕氏碱性美蓝染液，在试管中取合适浓度的一小滴酵母菌悬液，用镊子取一块盖玻片，将盖玻片一边与菌液接触，缓慢将盖玻片倾斜并覆盖在菌液上（注意不要有明显气泡产生），用吸水纸在边缘轻轻吸取多余液体，放置 3min。

（4）菌体大小测定　将酵母菌制片置于载物台上，先在低倍镜下找到酵母菌细胞，转动物镜转换器，将高倍镜转至工作状态，观察高倍镜下酵母的细胞形态及染色情况。通过转动目镜测微尺和移动载玻片，测出酵母菌细胞的长度和宽度所占的目镜测微尺格数，记录在结果表中。最后将所记录的格数乘以高倍镜下目镜测微尺每格代表的长度，即为该菌细胞的实际大小。

2. 显微计数

（1）菌悬液制备　将 5mL 左右的无菌生理盐水加到酿酒酵母菌培养斜面上，用无菌接种环在斜面上轻轻来回刮取。将菌悬液倒入装有 5mL 无菌生理盐水和玻璃珠的锥形瓶中，充分振荡使得细胞分散，使用前根据需要可适当稀释。

（2）血细胞计数板镜检　在加样前，对血细胞计数板的计数室进行镜检，在高倍镜下找到中方格。如有污物，可用自来水冲洗，再用 95％的乙醇棉球轻轻擦拭，待干。计数板上的计数室刻度精细，清洗时勿用刷子或者手。

（3）加样品　将清洁干燥的血细胞计数板盖上血盖片，用滴管将摇匀的酿酒酵母菌悬液由血盖片边缘滴一小滴，让菌液沿缝隙靠毛细渗透作用自动进入计数室，用镊子轻压血盖片，以免菌液过多改变计数室的容积。静置 5min，使得细胞自然沉降。

（4）计数　将加有样品的血细胞计数板置于载物台上，先用低倍镜找到计数室所在位置，换成高倍镜进行计数。一般样品稀释度要求每个小方格中有 5～10 个细胞左右为宜。每个计数室选择 5 个中方格进行计数，位于格线上的细胞只数上方和右边线的。计数一个样品要从两个计数室中计得的平均数值来计算样品的含菌量。

（5）清洗血细胞计数板　使用完毕后，将血细胞计数板进行清洗、干燥，放回盒中。

五、实验报告

实验结果记录如下。

（1）微生物大小测定结果填入表 3-2 和表 3-3 中。

表 3-2　目镜测微尺校正结果

物镜倍数	目镜测微尺格数	镜台测微尺格数	目镜测微尺每格代表长度

表 3-3　酿酒酵母大小测定记录

项目	1	2	3	4	5	平均格数	实际测量值/μm
长度							
宽度							

酵母菌平均大小为：_____。

（2）显微计数结果填入表 3-4 中。

表 3-4　显微计数结果

项目	各中格菌细胞数					每个中格细胞平均数	稀释度	菌数/mL
	1	2	3	4	5			
第 1 室								
第 2 室								

六、思考题

1. 为什么更换不同放大倍数的目镜或者物镜时，必须用镜台测微尺重新对目镜测微尺进行校正？

2. 现需检测一种干酵母粉中的活菌存活率，请设计一种可行的检测方法。

实验十四　培养基的配制

一、实验目的

1. 学习和掌握培养基配制的原理。
2. 掌握培养基配制的一般方法和步骤。

二、实验原理

培养基是人工配制的适合微生物生长繁殖或者累积代谢产物的营养基质，用以培养、分离、鉴定、保存各种微生物或积累代谢产物。培养基一般含有微生物生长所需的碳源、氮源、无机盐、生长因子、水等。不同的微生物对 pH 要求不一样，所以配制培养基时，要根据不同微生物的要求将 pH 调至合适的范围。由于配制培养基的各类营养物质和容器都含有微生物，因此配制好的培养基必须要立即灭菌。

根据微生物种类和实验目的的不同，培养基又可以分为不同类型：按照成分不同，可分为天然培养基、合成培养基和半合成培养基；按培养基物理性质不同，可分为固体培养基、液体培养基和半固体培养基；按不同用途可分为基础培养基、选择培养基、鉴别培养基、种子培养基、发酵培养基等。

三、器材和试剂

1. 器材

高压蒸汽灭菌锅，恒温培养箱，电子天平，电炉，铝锅，量筒，玻璃棒，pH 试纸，分装器，棉花，牛皮纸，麻绳，记号笔，纱布，药匙，锥形瓶，试管等。

2. 试剂

牛肉膏，蛋白胨，氯化钠，琼脂，马铃薯，蔗糖，0.1mol/L HCl，0.1mol/L NaOH。

四、实验内容

1. 牛肉膏蛋白胨培养基配制

牛肉膏蛋白胨培养基的配方：牛肉膏 3.0g，蛋白胨 10.0g，NaCl 5.0g，水 1000mL，pH 7.4～7.6，琼脂 15～20g。

（1）称量　按培养基配方比例准确地称取牛肉膏、蛋白胨、NaCl 放入铝锅中。牛肉膏用玻璃棒挑取到称量纸上，稍微加热，牛肉膏与纸会分离。蛋白胨很容易吸湿，在称取时动作要快。

（2）溶解　在铝锅中加入所需要的水量，用玻璃棒搅匀，加热溶解。

（3）定容　如果是液体培养基则直接补充水到所需体积。如果配制的是固体培养基，则待药品完全溶解后加入琼脂，充分熔化，再补足水到所需体积。

（4）调 pH　用 pH 计或精密 pH 试纸测量培养基初始 pH，如果偏酸，则用滴管向培养基中逐滴加入 0.1mol/L NaOH，边加边搅拌，并随时用 pH 试纸测定，直至达到合适 pH；反之，用 0.1mol/L HCl 进行调节。要注意避免回调。

（5）分装　将配制的培养基趁热用分装器分装入试管或者锥形瓶内。液体培养基分装入试管时一般装液量为试管的 1/4 左右（图 3-10），装入锥形瓶时一般不超过锥形瓶容积的 1/2。固体培养基分装试管时装液量不超过 1/5，装入锥形瓶时一般不超过锥形瓶容积的 1/2。

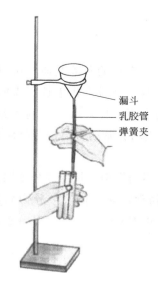

图 3-10　培养基分装示意图

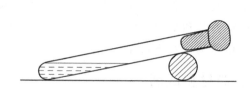

图 3-11　试管斜面制备示意图

漏斗
乳胶管
弹簧夹

（6）加塞　培养基分装完毕后，在试管口或者锥形瓶口塞上棉塞或者硅胶塞等，以阻止外界微生物进入培养基内而造成污染。棉塞应该松紧适宜，2/3 在管内，1/3 在管外，即使试管倒置，棉塞也不会掉出，而稍微用力可以外拔。

（7）包扎　培养基加塞后，用牛皮纸或者报纸进行包扎，锥形瓶单独包扎，试管几支包扎成一捆，标记好培养基的名称、组别、配制时间等。

（8）灭菌　将培养基置于灭菌锅内，0.1MPa，121℃灭菌 30min。

（9）摆斜面　如需制成斜面，待冷却至 60℃ 左右（灭菌后如果立即摆斜面会产生很多冷凝水），按照图 3-11 摆放，斜面长度以试管长度的 1/2 为宜。

（10）无菌检查　培养基灭完菌后，最好在 37℃ 恒温培养箱中放置 24h，若无菌生长，说明灭菌彻底，方可使用。

2. 马铃薯培养基配制

马铃薯培养基的配方：去皮马铃薯 200g，蔗糖 20.0g，水 1000mL，pH 自然，琼脂 15～20g。

（1）马铃薯切块煮沸　按培养基配方称取马铃薯放入铝锅中。马铃薯去皮切小块（$1cm^3$ 左右），煮沸 15min，用四层纱布过滤，收集滤液，补水定容。

（2）溶解　加入一定量蔗糖，充分溶解，如果配制的是固体培养基，则加入琼脂，不断搅拌直至琼脂完全熔化，再补足水到所需体积。

"分装、加塞、包扎、灭菌、摆斜面、无菌检查"步骤相关内容参见"1. 牛肉膏蛋白胨培养基配制"。

五、实验报告

记录所配制的培养基的外观状态，包括颜色、透明度、物理状态等。

六、思考题

1. 培养基配制时需要注意哪些问题？

2. 分析你所配制的培养基的各种营养要素、物理状态和功能。

3. 如何检查培养基灭菌是否彻底？

实验十五　微生物的平板分离技术

一、实验目的

1. 掌握倒平板的方法。
2. 掌握常见的几种平板分离纯化的基本操作技术。

二、实验原理

从混杂的微生物群体中获得某一种微生物的过程称为微生物的分离与纯化，这是研究微生物形态、生理生化、遗传变异等重要规律的基础。平板分离技术是微生物分离纯化的常用方法，主要包括平板划线分离法、稀释涂布平板法和混合倒平板法。

平板划线分离法是指把混杂在一起的微生物或同一微生物群体中的不同细胞用接种环在平板培养基表面通过分区划线稀释而得到较多独立分布的单个细胞，经培养后生长繁殖成单菌落，通常把这种单菌落当作待分离微生物的纯种。其原理是将微生物样品在固体培养基表面多次作"由线到点"稀释而达到分离的目的。

涂布平板法是指取少量梯度稀释菌悬液，置于已凝固的无菌平板培养基表面，然后用无菌的涂布棒把菌液均匀地涂布在整个平板表面，经培养后，在平板培养基表面会形成多个独立分布的单菌落。

值得指出的是，上述方法分离获得的单菌落并不一定保证是纯培养，还需要反复分离多次，再结合显微镜镜检等综合考虑。

三、器材和试剂

1. 器材

恒温培养箱，接种针，无菌平皿，涂布棒，无菌移液管，试管，锥形瓶，玻璃珠，酒精灯，记号笔等。

2. 试剂

无菌水。

样品：土壤样品。

培养基：牛肉膏蛋白胨培养基。

四、实验内容

1. 土壤菌悬液制备

取 10g 土样，放入盛有 90mL 无菌水并带玻璃珠的锥形瓶，振荡 20min，使得土样与水充分混合，使细胞分散。静置 5min，上层则为土壤菌悬液。

2. 无菌平板制备

将培养基加热熔化，冷却至 60～70℃，右手持盛有培养基的锥形瓶置于火焰旁，左手将瓶塞轻轻拔出，瓶口保持对着火焰；用左手或者右手的手掌边缘或者小指与无名指夹住瓶塞（如果培养基一次用完，瓶塞可不必拿在手中）；左手持培养皿在火焰旁转动一圈，然后打开一缝，迅速倒入培养基约 15mL（图 3-12），盖上皿盖后平置于桌面，轻轻晃动培养皿，使得培养基均匀布满皿底，待凝后则成为无菌平板。

图 3-12　无菌平板的制备

3. 稀释涂布平板法

（1）菌悬液梯度稀释　用 1 支无菌移液管吸取 0.5mL 土壤菌悬液加入盛有 4.5mL 无菌水的试管中，充分混匀，则为 10^{-1} 稀释液，以此类推制成 10^{-2}、10^{-3}、10^{-4}、10^{-5}、10^{-6} 的菌悬液稀释液（图 3-13）。

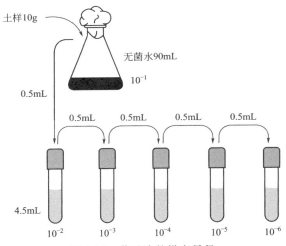

图 3-13　菌悬液的梯度稀释

（2）涂布　将凝固的无菌平板底部或者皿盖边缘用记号笔标注 10^{-4}、10^{-5}、10^{-6} 字样，每种稀释液标记 3 皿，在火焰旁用无菌吸管分别由 10^{-4}、10^{-5}、10^{-6} 3 管菌悬液稀释液中吸取 0.2mL 对号放入相应平板中央位置。用灭菌的玻璃涂布棒按照图 3-14 所示，

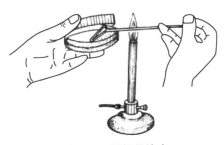

图 3-14　平板的涂布

在培养基表面涂布均匀，其方法是将菌液先沿一条直线轻轻来回推动，使之分布均匀，然后改变方向90°沿另一垂直线来回推动，平板边缘处可改变方向多涂布几次，室温下静置 5min。

（3）培养　将涂布好的平板倒置于37℃培养箱中培养1～2天。

4. 平板划线分离法

取凝固的无菌平板，用记号笔标记好，在近火焰处，左手拿培养皿，右手拿接种环，挑取上述 10^{-1} 稀释液一环在平板上划线。常用的方法有以下两种（图3-15）：

（1）平行划线法　用接种环挑取一环菌悬液，在培养基做平行划线3～4次，再转动平板约70°角，将接种环上的剩余物烧掉，待冷却后穿过第一次划线部分进行第二次划线，再按照同样的方法划第三次或第四次。划线完毕后，盖上皿盖，倒置于恒温培养箱培养。

（2）连续划线法　用接种环挑取一环菌悬液在平板上做连续划线。划线完毕后，盖上皿盖，倒置于恒温培养箱培养。

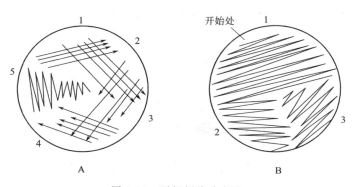

图 3-15　平板划线分离法

五、实验报告

实验结果记录如下。

（1）涂布平板法分离获得的菌落生长的情况记录在表3-5中。

表 3-5　涂布平板法分离结果

菌落编号	数量	菌落特征描述
1		
2		
3		

（2）描述划线分离法的平板上菌落生长的情况。

六、思考题

你所做的平板法和划线法是否较好地得到了单菌落？如果不是，请分析可能的原因。

实验十六　环境因素对微生物生长的影响

一、实验目的

1. 了解温度、紫外辐射对微生物生长的影响及其原理。
2. 了解常用的化学消毒剂和抗生素对微生物生长的影响。

二、实验原理

微生物的生长繁殖受到外界环境因素的影响。环境条件适宜时，微生物生长良好；环境条件不适宜时，微生物生长受到抑制，甚至会导致死亡。物理、化学、生物等不同的环境因素影响微生物生长的机制不尽相同，不同微生物对同一环境因素的适应能力也有差别。

1. 温度

温度影响蛋白质、核酸等生物大分子的结构、功能以及细胞膜的流动性和完整性，从而影响微生物的生长、繁殖和新陈代谢。过高的温度会导致蛋白质及核酸变性，细胞膜被破坏；过低的温度会抑制酶的活性和细胞膜流动性，影响新陈代谢。因此，每一种微生物只能在一定温度范围内生长，都具有自己最低、最适和最高的生长温度。

2. 紫外辐射

紫外辐射是波长为 $10\sim400nm$ 的辐射的总称。其中波长为 $200\sim300nm$ 的紫外线具有杀菌能力，而波长在 $260nm$ 处紫外线杀菌效果最好。紫外线杀菌的机制主要是诱导 DNA 形成碱基二聚体，从而抑制了 DNA 复制，影响微生物生长和存活。在波长一定的条件下，紫外线的强度与照射时间成正比，与照射距离成反比。紫外线穿透力较弱，一般只适合无菌室、超净台、手术室内空气及物体表面的灭菌。

3. 化学消毒剂

常用的化学消毒剂包括有机溶剂、重金属盐、卤素及其化合物、染料和表面活性剂等。这些化学消毒剂通过作用于细胞膜、蛋白质、核酸或者产生强氧化性影响微生物细胞生长繁殖。不同的化学消毒剂作用机制和作用强度不同，通常用石炭酸系数来比较消毒剂的抑菌杀菌能力。

三、器材和试剂

1. 器材

恒温培养箱，接种针，无菌平皿，涂布棒，无菌移液管，酒精灯，无菌滤纸片，记号笔，刻度尺等。

2. 试剂

青霉素溶液（80 万单位/mL），2.5% 碘酒，0.1% $HgCl_2$，75% 酒精，10% $CuSO_4$，5% 石炭酸。

菌种：大肠杆菌。

培养基：牛肉膏蛋白胨培养基。

四、实验内容

1. 温度对微生物的生长的影响

① 取 4 根装有牛肉膏蛋白胨的无菌试管斜面，分别标记好不同温度条件。

② 在酒精灯旁或者超净台中利用无菌操作，在无菌试管斜面上以"S"形划线接入待测菌株（图 3-16）。

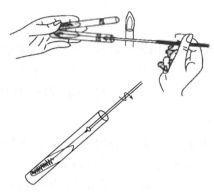

图 3-16 斜面接种示意图

③ 将各对应试管分别置于 4℃、室温、37℃、55℃下培养 24~48h，观察细菌生长状况并记录结果。

2. 紫外辐射对微生物生长的影响

（1）倒平板 将牛肉膏蛋白胨培养基熔化后倒平板，待凝固后在平板底部标记。

（2）涂布 吸取 0.1mL 的大肠杆菌悬液，以无菌操作均匀涂布于平板，涂布好后让菌液吸收 1~2min。

（3）放置纸片 用无菌操作将无菌的黑色滤纸片置于平板最中间，轻轻压平。

（4）紫外线处理 将该平板放置于离紫外灯 15~20cm 处，打开皿盖，照射 20min 后取下黑纸片，盖好皿盖置于 37℃下恒温培养 24h。注意紫外灯照射后的处理尽量在黑暗或者红灯条件下进行，以避免光修复。观察细菌生长状况并记录结果。

3. 化学消毒剂对微生物生长的影响

（1）倒平板 将牛肉膏蛋白胨培养基熔化后倒平板，待凝固后在平板底部标记。

图 3-17 平板抑菌圈法示意图

（2）涂布 吸取 0.1mL 的大肠杆菌悬液，以无菌操作均匀涂布于平板，涂布好后让菌液吸收 1~2min。

（3）放置无菌滤纸片 用微量移液管以无菌操作吸取 10μL 的化学消毒剂润湿小滤纸片，再将该滤纸片贴在相应的区域中央，注意放置纸片时不要拖动。

（4）培养和观察 将上述平板置于 37℃下恒温培养 24h。观察结果时，用刻度尺测量抑菌圈的大小，初步判断不同药品抑菌能力的强弱（图 3-17）。

五、实验报告

实验结果记录如下。

（1）温度对微生物生长的影响　比较大肠杆菌在不同温度条件下的生长情况（"－"表示不生长，"＋"表示生长较差，"＋＋"表示生长一般，"＋＋＋"表示生长良好），将实验结果填入表 3-6 中。

表 3-6　温度对微生物生长的影响

温度	4℃	室温	37℃	55℃
大肠杆菌生长情况				
结论				

（2）紫外辐射对微生物生长的影响　绘出平板上菌落生长的图（用阴影表示有菌落生长区域，空白表示无菌落生长区域），并分析原因（图 3-18）。

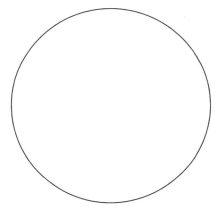

图 3-18　紫外线照射后平板上的菌落生长情况

（3）化学消毒剂对微生物生长的影响　记录各种化学消毒剂对大肠杆菌的作用效果，将结果填入表 3-7。

表 3-7　化学消毒剂对微生物生长的影响

消毒剂	2.5%碘酒	0.1% HgCl₂	75%酒精	10% CuSO₄	5%石炭酸	青霉素(80 万单位)
抑菌圈直径/mm						
抑菌能力强弱						

六、思考题

1. 设计一个简单的实验，证明某化学消毒剂对试验菌是抑菌作用还是杀菌作用。
2. 试举几个在日常生活中人们利用理化因子抑制微生物生长的例子。

实验十七　水中细菌总数的测定

一、实验目的

1. 学习水中细菌总数测定的方法。
2. 了解水质评价的微生物学卫生标准。

二、实验原理

水中细菌总数是水质检查的重要指标之一，可说明水体被有机物污染的程度。细菌总数越多，有机物质含量越高。细菌总数是指 1mL 水样在普通营养琼脂培养基中，37℃ 条件下经 24h 培养后，所生长的菌落数（CFU，菌落形成单位）。由于水中细菌种类繁多，它们对营养和其他生长条件的要求差别很大，不可能找到一种培养条件使得水中所有细菌均能生长繁殖，因此上述菌落形成数只能是近似值。目前一般采用牛肉膏蛋白胨培养基。除了采用上述平板菌落计数法之外，现有多种快速简便的检测仪或者试剂盒能测定水中细菌总数。良好的饮用水细菌总数应＜100 个/mL。

三、器材和试剂

1. 器材

恒温培养箱，无菌平皿，涂布棒，移液枪，无菌枪头，酒精灯，无菌锥形瓶等。

2. 试剂

水样：饮用水，池水。

培养基：牛肉膏蛋白胨培养基。

四、实验内容

1. 水样的采集

（1）饮用水样采集　取无菌锥形瓶，接入饮用水，及时进行分析处理。

（2）池水采集　距水面 10～15cm 的深层水样，将灭菌带瓶塞的空瓶瓶口向下浸入水中，翻转过来，拔开瓶塞，水流入瓶中盛满后，取出，加塞。水样最好立即检测，否则需放入冰箱中保存。

2. 细菌总数测定

（1）饮用水　用无菌吸管吸取 1mL 水样，以无菌操作加到无菌平板的中间，以无菌涂布棒涂布均匀，各做两个平板，倒置于 37℃ 温度条件下，培养 24h，进行菌落计数。两个平板的平均菌落数，即为 1mL 水样的细菌总数。

（2）池水　根据池水的污染程度，将池水进行 10 倍梯度稀释。中等污染的水样，取 10^{-1}、10^{-2}、10^{-3} 稀释度；严重污染的水样，取 10^{-2}、10^{-3}、10^{-4} 稀释度。自最后的 3

个稀释度试管中各取 1mL 稀释水样，以无菌操作加到无菌平板的中间，以无菌涂布棒涂布均匀，每个稀释度做两个平板，倒置，于 37℃温度条件下培养 24h，进行菌落计数。菌落计数方法按照以下规则。

对于相同稀释度的平板菌落数：若其中一个平板有较大片状菌苔生长时，则不应采用，而应以无片状菌苔生长的平板作为该稀释度的平均菌落数。若片状菌苔的大小不到平皿的一半，而其余的一半菌落分布又很均匀时，则将此一般菌落数乘 2 以代表平板的全部菌落数，然后再计算该稀释度的平均菌落数。

按已获得的不同稀释度的平均菌落数的不同情况进行计算。

① 首先选择平均菌落数在 30～300 之间，查表进行计算。当只有一个稀释度的平均菌落数符合此范围时，则以该平均菌落数乘以其稀释倍数，报告该水样的细菌总数（表 3-8 例1）。

② 若有两个稀释度，其平均菌落数均在 30～300 之间，则应按两者菌落总数之比值来决定。若其比值小于 2 应报告两者的平均数；若大于 2 则报告其中较小的菌落总数（表 3-8 例2及例3）。

③ 若所有稀释度的平均菌落数均大于 300，则应按稀释度最高的平均菌落数乘以稀释倍数报告该水样的细菌总数（表 3-8 例4）。

④ 若所有稀释度的平均菌落数均小于 30，则应按稀释度最低的平均菌落数乘以稀释倍数报告该水样的细菌总数（表 3-8 例5）。

⑤ 若所有稀释度的平均菌落数均不在 30～300 之间，则以最接近 300 或 30 的平均菌落数乘以稀释倍数报告该水样的细菌总数（表 3-8 例6）。

表 3-8　计算菌落总数方法举例

序号	不同稀释度的平均菌落数/CFU			两个稀释度菌落数之比	菌落总数/(CFU/mL)
	10^{-1}	10^{-2}	10^{-3}		
1	1365	164	20	—	16400
2	2760	295	46	1.6	37750
3	2890	271	60	2.2	27100
4	无法计数	1650	513	—	51300
5	27	11	5	—	270
6	无法计数	305	12	—	30500

五、实验报告

实验结果记录如下。

（1）饮用水　将饮用水菌落计数结果填入表 3-9 中。

表 3-9　饮用水菌落计数结果

平板	菌落数/CFU	饮用水中细菌总数/(CFU/mL)
1		
2		

（2）池水　将池水菌落计数结果填入表 3-10 中。

表 3-10　池水菌落计数结果

稀释度	10^{-1}		10^{-2}		10^{-3}	
平板	1	2	1	2	1	2
菌落数/CFU						
平均菌落数/CFU						
稀释度菌落数之比						
细菌总数/(CFU/mL)						

六、思考题

1. 你所检测的水样结果如何？说明什么？

2. 检测水样细菌总数时，如果用不加水样的空白作对照，而空白对照平板上有少数几个菌落，说明什么问题？如果有很多菌落又说明什么？

实验十八　酸奶的制作

一、实验目的

1. 了解酸奶制作的原理。
2. 掌握酸奶制作的方法。
3. 注意并学会分析酸奶制作过程中出现的问题。

二、实验原理

微生物在厌氧条件下，分解己糖产生乳酸的作用，称为乳酸发酵。能够引起乳酸发酵的微生物很多，其中主要是细菌，能利用糖进行乳酸发酵的细菌统称为乳酸细菌。常见的乳酸细菌有链球菌属、乳酸杆菌属、双歧杆菌属、明串珠菌属等。乳酸细菌多是兼性厌氧微生物，但是只在厌氧条件下才进行乳酸发酵。酸奶是以新鲜牛奶为原料，经过乳酸菌发酵后形成的一种具有较高营养价值的特殊风味的发酵乳制品。其基本原理是通过乳酸菌发酵牛奶中的乳糖产生乳酸，乳酸使得牛奶中酪蛋白变性凝固从而使整个奶液呈凝乳态，酪蛋白占全乳的 2.9%，占乳蛋白的 85%。通过发酵还能形成酸奶特有的香味和风味，这与形成乙醛和丁二酮等其他产物有关。

三、器材和试剂

1. 器材

纸杯、保鲜膜、pH 试纸、灭菌一次性筷子、恒温培养箱、冰箱、恒温水浴锅等。

2. 试剂

鲜牛奶（全脂奶粉）、蔗糖、新鲜酸奶。

四、实验内容

（1）发酵培养基制备　在纸杯中倒入纯牛奶 100mL，按 5%～6% 的比例加入蔗糖（白糖），用灭菌的一次性筷子充分搅匀，用保鲜膜封口。

（2）发酵培养基灭菌　将制备的发酵培养基置于 80～85℃灭菌 10min，迅速冷却至 40℃以下。

（3）接入乳酸菌　以市售鲜酸奶为种子液，按 5% 的比例接入上述的发酵培养基，充分混匀。用保鲜膜封口。

（4）培养　将接种后的纸杯置于 40～42℃的恒温培养箱中培养 3～6h，培养时注意观察，在出现凝乳后停止培养，转入 4～5℃低温冷藏 24h。

（5）成品观察和品尝　良好发酵的酸奶应具有酸度适宜（pH 4～4.5，利用 pH 试纸测定），凝块均匀致密，无乳清析出，无气泡，口感良好等特点。

五、实验报告

记录所发酵的酸奶的特性和口感，分析出现的问题。

六、思考题

1. 设计一个分离纯化乳酸菌的实验。
2. 你认为制作酸奶应该注意哪些环节？

实验十九　空气中微生物数量测定

一、实验目的

1. 通过实验了解一定环境空气中微生物的分布状况。
2. 学习并掌握用平皿落菌法测定空气中微生物数量的原理和方法。

二、实验原理

由于空气中的微生物是发酵、食品、制药、生物制品等行业微生物污染的重要来源，所以对特定环境的空气进行微生物检测有重要的意义。对空气进行微生物检测的方法有很多，一般采用的方法是平皿落菌法。平皿落菌法是根据空气中微生物一般吸附在尘埃中，由于地心引力尘埃下沉到地面或物体表面的原理制定的。其过程如下：将含有灭菌培养基的无菌平板置于待测地点，打开皿盖暴露于空气中 10～15min，等空气中的微生物降落到平板上，盖上皿盖后置于培养箱中培养48h取出，计算其菌落数，根据以下公式转化即为每立方米空气中的含菌量。计算公式如下：

$$C = \frac{50000N}{At}$$

式中，C 为每立方米空气中的含菌量，CFU/m³；N 为每个平板中的菌落数量，CFU；A 为培养皿面积；t 为暴露于空气中的时间。

根据奥梅梁斯基氏法：5min 内在100cm² 面积上沉降的菌数相当于 10L 空气中所含的菌数，换算得到空气中微生物的数量。

三、器材和试剂

1. 器材

恒温培养箱、无菌平皿。

2. 培养基

牛肉膏蛋白胨培养基，马铃薯培养基。

四、实验内容

待测环境：寝室，食堂，草地，图书馆，教室等。

① 制作无菌平板。

② 在指定地点放置无菌平板，打开皿盖，暴露在空气中 10～15min。

③ 盖上皿盖，置于培养箱中倒置培养，牛肉膏蛋白胨培养基置于 37℃温度条件下培养，马铃薯培养基置于 28℃温度条件下培养。

④ 培养48h后，取出平板，计算其菌落数，从而计算空气中微生物含量。

五、实验报告

记录每个环境中菌落数目、菌落形态，填入表 3-11，比较上述环境的空气质量，并分析原因。

表 3-11 平皿落菌法实验结果记录

环境	牛肉膏蛋白胨培养基		马铃薯培养基		微生物数量 /(CFU/m³)
	菌落数目/CFU	菌落特征	菌落数目/CFU	菌落特征	

六、思考题

上述哪个环境中细菌数量最多？分析其原因。

实验二十　微生物的诱发突变

一、实验目的

1. 掌握紫外诱变的机理。
2. 观察紫外线对菌株的诱变效应，并掌握紫外诱变的基本方法。

二、实验原理

基因突变可以分为自发突变和诱发突变。许多物理因素、化学因素和生物因素对微生物都有诱变作用，这些能使突变率提高到自发突变水平以上的因素称为诱变剂。紫外线（UV）是一种最常用的物理诱变剂。它的主要作用是使 DNA 双链之间或同一条链上两个相邻的胸腺嘧啶间形成二聚体，阻碍双链的分开、复制和碱基的正常配对，从而引发突变。紫外线照射引起的 DNA 损伤，可由光复活酶的作用进行修复，使得二聚体解开恢复原状。因此，为了避免光复活，用紫外线照射处理以及处理后的操作应在红光下进行，并且将照射处理后的微生物放在暗处培养。

本实验以紫外线作为单因子诱变剂处理产生淀粉酶的枯草芽孢杆菌，根据试验菌诱变后在淀粉培养基上透明圈直径的大小来指示诱变效应。一般来说，透明圈越大，淀粉酶活力越强。

三、器材和试剂

1. 器材

紫外灯，磁力搅拌器，无菌搅拌棒，恒温培养箱，涂布棒，血细胞计数板，显微镜，带玻璃珠的锥形瓶，无菌平皿，试管，酒精灯等。

2. 试剂

碘液，无菌生理盐水，无菌水。

菌种：枯草芽孢杆菌。

培养基：淀粉培养基，LB 液体培养基。

四、实验内容

1. 菌悬液制备

① 取培养 48h 生长丰满的枯草芽孢杆菌斜面 4～5 支，用 10mL 的无菌生理盐水将菌苔洗下，倒入装有数颗玻璃珠的无菌锥形瓶中，振荡 5min，以打散菌块。

② 将上述菌液离心（3000r/min，10min），弃去上清。用无菌生理盐水将菌体洗涤 2～3 次，制成菌悬液。

③ 用显微镜直接计数法计数，调整细胞浓度为 10^8 个/mL。

2. 平板制作

将淀粉培养基熔化，倒平板。

3. 紫外诱变

① 将紫外灯打开，预热 20min。

② 取 2 套直径为 6cm 的无菌平皿，加入上述调整好细胞浓度的菌悬液 3mL，并放入一根无菌搅拌棒。

③ 将上述平皿置于磁力搅拌器上，打开皿盖，在距离为 30cm，功率为 15W 的紫外灯下分别搅拌照射 1min 和 3min。盖上皿盖，关闭紫外灯。

4. 稀释

用 10 倍稀释法把经过照射的菌悬液在无菌水中稀释成 $10^{-1} \sim 10^{-6}$。

5. 涂布

取 10^{-4}、10^{-5} 和 10^{-6} 稀释度的菌液 0.1mL 涂布平板，每个稀释度涂布 2 套平板，以同样的操作，取未经紫外线处理的菌液稀释液涂布平板作对照。

6. 培养

将上述涂匀的平板，用黑色的布或者纸包好，置于 37℃温度条件下培养 48h。

7. 计数

将培养好的平板取出进行菌落计数。根据对照平板上的菌落数，计算出 1mL 菌液中的菌细胞数。同样计算出按上述紫外诱变方法处理 1min 和 3min 后的菌细胞数及致死率。

$$致死率 = \frac{对照菌液中菌细胞数 - 诱变菌液中菌细胞数}{对照菌液中菌细胞数} \times 100\%$$

8. 观察诱变效应

选取菌落数在 5～6CFU 的处理后涂布的平板观察诱变效应：分别向平板内滴加碘液数滴，在菌落周围将出现透明圈，分别测量透明圈直径与菌落直径，计算其比值。与对照平板相比较，说明诱变效应。

五、实验报告

记录诱变的实验结果并计算致死率（表 3-12）。

表 3-12　紫外诱变结果

处理时间	稀释倍数			致死率/%
	10^{-4}	10^{-5}	10^{-6}	
处理时间 1min				
处理时间 3min				
对照				

六、思考题

1. 用紫外线进行诱变时，为什么要打开皿盖？为什么要在红光或者暗环境下操作？

2. 你是否获得了比对照组产淀粉酶更高的突变株？分析其原因。

实验二十一　微生物的生理生化反应

一、实验目的

1. 掌握进行微生物大分子物质水解试验的原理和方法。
2. 掌握通过糖发酵鉴别不同微生物的方法及意义。
3. 了解 IMViC 的原理及其在肠道细菌鉴定中的意义和方法。

二、实验原理

在所有活细胞中存在的全部生物化学反应称为代谢。各种微生物在代谢类型上表现出很大的差异，反映出它们具有不同的酶系和生理特性，这些特性可以被用作细菌鉴定和分类的依据。

1. 大分子物质的水解实验

微生物对大分子物质如淀粉、蛋白质、脂肪等不能直接利用，需依靠产生的胞外酶将大分子物质水解后，才能吸收利用。例如淀粉酶将淀粉水解成小分子的糊精、双糖和单糖，脂肪酶将脂肪水解为甘油和脂肪酸，蛋白酶将蛋白质水解为氨基酸等，这些过程可通过观察菌落周围的物质变化来证实。例如淀粉遇到碘液会变蓝，但是细菌水解淀粉区域滴加碘液时则不再产生蓝色，表明细菌产淀粉酶。脂肪酶水解脂肪后产生脂肪酸可改变培养基 pH 值，加入培养基中的中性红指示剂会使得培养基从淡红色转变为深红色。

2. 糖发酵实验

糖发酵实验是常用的鉴别微生物的生化反应，在肠道细菌鉴定上尤为重要。绝大多数细菌能利用糖类作为碳源，但是它们在分解糖类物质的能力上差异很大。对同一种糖类，有些细菌能分解该物质产酸和产气，有些只产酸不产气，有些甚至不能利用，因此可以通过特定的发酵培养基进行鉴别。

3. IMViC 实验

IMViC 实验主要用于快速鉴别大肠杆菌和产气肠杆菌，是吲哚实验、甲基红实验、伏普实验和柠檬酸盐实验的缩写。在吲哚实验中，有些细菌能产生色氨酸酶分解蛋白胨中的色氨酸，产生吲哚和丙酮酸，吲哚与对二甲基氨基苯甲醛结合，形成红色的玫瑰吲哚。甲基红实验主要用于检测有些能利用葡萄糖产有机酸的细菌，培养基中的甲基红在 pH 为 6.3 时是橙黄色，pH 为 4.2 时转变为红色，可以通过颜色变化判断细菌产酸的能力。伏普实验中，某些细菌能利用葡萄糖产生的丙酮酸生成乙酰甲基甲醇，该物质在碱性条件下被氧化成二乙酰，二乙酰能与蛋白胨中的精氨酸作用，形成红色化合物，即为阳性结果，不产红色化合物则为阴性结果。柠檬酸盐实验是用来检测细菌是否能利用柠檬酸盐。某些细菌在利用柠檬酸后，产生碱性化合物，使得培养基 pH 升高，加入指示剂可以明显判断。

三、器材和试剂

1. 器材

恒温培养箱，接种环，酒精灯，无菌平皿，记号笔等。

2. 试剂

卢戈氏碘液，乙醚，吲哚试剂，甲基红试剂，40% KOH 溶液，5% α-萘酚溶液。

菌种：大肠杆菌，金黄色葡萄球菌，枯草芽孢杆菌，产气肠杆菌，普通变形杆菌。

培养基：固体淀粉培养基，固体油脂培养基，葡萄糖发酵培养基，乳糖发酵培养基，蛋白胨水培养基，葡萄糖蛋白胨水培养基，柠檬酸盐培养基。

四、实验内容

1. 淀粉水解试验

（1）制备淀粉培养基平板　将固体淀粉培养基熔化后制成无菌平板。

（2）分区　用记号笔在平板底部分区。

（3）接种　将大肠杆菌、金黄色葡萄球菌和枯草芽孢杆菌划线接种于相应的区域。

（4）培养　倒置培养于37℃温箱中培养24～48h。

（5）观察结果　观察各种细菌的生长情况，打开平板，滴入少量的卢戈氏碘液，轻轻旋转平板，使得碘液均匀铺满整个平板。如果菌苔周围出现无色透明圈，则说明淀粉被水解，为阳性。

2. 油脂水解试验

（1）制备油脂培养基平板　将固体油脂培养基熔化后制成无菌平板。

（2）分区　用记号笔在平板底部分区。

（3）接种　将大肠杆菌、金黄色葡萄球菌和枯草芽孢杆菌十字划线接种于相应的区域。

（4）培养　倒置培养于37℃温箱中培养24～48h。

（5）观察结果　取出平板，观察菌苔颜色。如出现红色斑点，说明脂肪水解，为阳性反应。

3. 糖发酵实验

（1）接种　取葡萄糖发酵培养基试管3支，分别接入大肠杆菌、普通变形杆菌，第三支不接种，作为对照。另取乳糖发酵培养基试管3支，同样分别接入大肠杆菌、普通变形杆菌，第三支不接种，作为对照。在接种后，轻缓摇动试管，使均匀，防止倒置的小管进入气泡。

（2）培养　将接过种和作为对照的6支试管均置于37℃中培养48h。

（3）观察结果　观察各试管颜色变化及德汉氏小管中有无气泡。产酸产气表示为阳性结果。

4. IMViC 实验

（1）接种　取蛋白胨水培养基试管 2 支（吲哚实验），葡萄糖蛋白胨水培养基试管 4 支（甲基红和伏普实验），柠檬酸盐培养基 2 支，分别接入大肠杆菌、产气肠杆菌。

（2）培养　将接过种的 6 支试管均置于 37℃ 中培养 48h。

（3）观察结果

① 吲哚实验　取培养后的蛋白胨水培养基加入 3～4 滴乙醚，摇动数次，静置 1min，待乙醚上升后，沿试管壁徐徐加入 2 滴吲哚试剂。在乙醚和培养物之间产生红色环状物为阳性反应。

② 甲基红实验　将培养后的 2 支葡萄糖蛋白胨水培养基培养物内分别加入甲基红试剂 2 滴，培养基变为红色者为阳性，变为黄色者为阴性。

③ 伏普实验　将培养后的 2 支葡萄糖蛋白胨水培养基培养物内分别加入 5～10 滴 40% KOH 溶液，然后加入等量的 5% α-萘酚溶液，用力振荡，放入 37℃ 恒温培养箱中保温 15～30min，若培养物呈红色，则为阳性。

④ 柠檬酸盐实验　观察试管斜面上有无细菌生长和是否变色，蓝色为阳性，绿色为阴性。

五、实验报告

实验结果记录如下。

（1）大分子物质水解实验结果（"＋"表示阳性，"－"表示阴性）　将大分子物质水解实验结果填入表 3-13 中。

表 3-13　大分子物质水解实验结果

菌株	淀粉水解实验		油脂水解实验	
	结果	结论	结果	结论
大肠杆菌				
金黄色葡萄球菌				
枯草芽孢杆菌				

（2）糖发酵实验结果（"＋"表示阳性，"－"表示阴性）　将糖发酵实验结果填入表 3-14 中。

表 3-14　糖发酵实验结果

发酵形式	大肠杆菌	普通变形杆菌	对照
乳糖发酵			
葡萄糖发酵			

（3）IMViC 实验结果（"＋"表示阳性，"－"表示阴性）　将 IMViC 实验结果填入表 3-15 中。

表 3-15　IMViC 实验结果

细菌种类	吲哚实验	甲基红实验	伏普实验	柠檬酸盐实验
大肠杆菌				
产气肠杆菌				

第四章 分子生物学与基因工程实验

实验二十二 细菌基因组 DNA 的提取

一、实验目的

掌握细菌基因组 DNA 的提取方法，用于 PCR 扩增和构建基因组文库等基因工程实验操作。

二、实验原理

基因组 DNA 在细胞内通常都与蛋白质相结合，蛋白质对基因组 DNA 的污染常常影响到以后的 DNA 操作过程，因此需要把蛋白质除去。一般采用苯酚-氯仿-异戊醇抽提和蛋白酶法去除。苯酚、氯仿对蛋白质有极强的变性作用，而对 DNA 无影响。这一方法对于去除核酸（无论是 DNA 还是 RNA）中大量的蛋白质杂质是行之有效的。少量的或与 DNA 紧密结合的蛋白质杂质可用蛋白酶予以去除。基因组 DNA 中也会有 RNA 杂质，因 RNA 极易降解，少量的 RNA 对 DNA 的操作无大影响，一般无需处理，必要时可加入不含 DNA 酶的 RNA 酶以去除 RNA 的污染。

三、器材和试剂

1. 器材

振荡水浴锅，核酸电泳仪，凝胶成像系统。

2. 试剂

细菌培养液，50mg/mL 溶菌酶溶液，25mg/mL RNase，10% SDS 溶液，3mol/L 醋酸钠，70%乙醇及无水乙醇等。

（1）TE 缓冲液 10mmol/L Tris-HCl（pH 8.0）、1mmol/L EDTA。

（2）10mg/mL 蛋白酶 K 用灭菌后的去离子水配制，在 −20℃ 条件下保存。

（3）水饱和苯酚-氯仿-异戊醇（PCI）按水饱和苯酚与氯仿-异戊醇以 1:1 的比例混

合，即得水饱和苯酚-氯仿-异戊醇（PCI，25∶24∶1）。

四、实验内容

① 取 1.2mL 细菌培养液，5000r/min，10min，用 TE 缓冲液洗涤后，再离心，菌体重悬于 0.5mL TE 溶液。

② 加入 50mg/mL 溶菌酶溶液 3μL，加入 2μL RNase（25mg/mL），37℃保温 30min。

③ 加入 10％SDS 溶液 30μL，加入 20μL 蛋白酶 K（20mg/mL），37℃保温 60min。

④ 加入苯酚-氯仿-异戊醇（25∶24∶1）混匀，8000r/min 离心 5min，取上清液转入另一离心管中，此步骤重复 1～2 次即可。

⑤ 上清液中加入 1/5 体积的 3mol/L 醋酸钠（pH5.2），2 倍体积预冷的无水乙醇，旋转离心管，沉淀 DNA，室温放置 30min 或－20℃放置 10min，10000r/min 离心 10min。

⑥ 70％乙醇洗涤 2 次，10000r/min 离心 5min。室温干燥。

⑦ 加入 0.1mL TE 缓冲液或 ddH_2O 溶解 DNA，确定 DNA 含量和纯度。

五、实验说明

1. 苯酚保存在棕色瓶中，防止被氧化。

2. 加入苯酚-氯仿-异戊醇，离心后，取上层水相。

3. 70％乙醇洗涤后，要完全风干，再加 TE 缓冲液或 ddH_2O 溶解。

六、思考题

1. 苯酚、氯仿、异戊醇作用分别是什么？

2. 你认为提取高纯度基因组 DNA 的关键是什么？

实验二十三　动物基因组 DNA 的提取

一、实验目的

制备高质量的动物基因组 DNA。

二、实验原理

从动物组织或细胞中分离总基因组 DNA 一般是在 EDTA 及 SDS 一类去污剂存在的条件下，用蛋白酶 K 消化细胞，再用苯酚抽提实现的。通常为了提高 DNA 的纯度，除了增加氯仿-异戊醇（24∶1）抽提次数、彻底去除蛋白质使 DNA 纯化外，还可采用 CsCl 密度梯度离心法进行纯化。可以通过琼脂糖凝胶电泳的方法来定量测定。利用 λDNA 标准条带绘制出 DNA 量与条带亮度的标准曲线，这样就可以更精确地估算出未知样品中的 DNA 含量。

三、器材和试剂

1. 器材

组织匀浆器，高速冷冻离心机，振荡水浴锅，核酸电泳仪，凝胶成像系统，移液器。

2. 试剂

（1）消化缓冲液：100mmol/L NaCl、10mmol/L Tris-HCl（pH 8.0）、25mmol/L EDTA（pH 8.0）。

（2）5g/L SDS。

（3）100mg/mL 蛋白酶 K，临用前加入。

（4）磷酸缓冲液（PBS）10×PBS：80g NaCl（1.37mol/L）、2g KCl（27mmol/L）、11.5g $Na_2HPO_4 \cdot 7H_2O$（43mmol/L）、2g KH_2PO_4（14mmol/L），加水至 1L，室温下可长期保存。

（5）3mol/L NaAc（pH 5.2）：80mL 水溶解 40.81g 的 $NaAc \cdot 3H_2O$，用冰醋酸调 pH 至 5.2，加 ddH_2O 定容至 100mL。

（6）7.5mol/L 乙酸铵。

（7）100%乙醇及 70%乙醇（体积分数）。

（8）TE 缓冲液：10mmol/L Tris-HCl（pH=8.0）、1mmol/L EDTA。

（9）苯酚-氯仿-异戊醇（PCI）：按水饱和苯酚与氯仿-异戊醇以 1∶1 的比例混合，即得水饱和苯酚-氯仿-异戊醇（PCI，25∶24∶1）。

材料：哺乳动物新鲜组织。

四、实验内容

① 剔除结缔组织，剪成小块，置于液氮中冻结。取 0.2g 组织用 2mL 消化缓冲液悬

浮，用组织匀浆器匀浆至无明显组织块（冰浴）。

② 将匀浆液转移至 1.5mL Eppendorf 离心管中，4℃，10000g 离心 1min，弃上清。

③ 取细胞沉淀添加 1~10mL 冰 PBS 悬浮洗涤，4℃，10000g 离心 1min，如此洗涤 2 次。

④ 用细胞沉淀的 10~40 倍体积的消化缓冲液（约 0.4mL）悬浮细胞，50~55℃ 振荡温育 12~18h。

⑤ 用等体积的苯酚-氯仿-异戊醇（25：24：1）轻柔混匀抽提，室温下，7500g 离心 10min。

⑥ 用剪掉吸头前端的扩口的吸头，小心吸出上清液移至新的离心管中，然后加入氯仿-异戊醇，以 10000g 离心 5min。

如果界面或水相中含蛋白质沉淀较多，可重复步骤⑤、步骤⑥。

⑦ 将上层转移至一个新管中，加入 1/2 体积 7.5mol/L 乙酸铵和 2 体积 100%乙醇，10000g 离心 2min。

⑧ 沉淀用 70%的乙醇清洗，自然风干，然后用 TE 缓冲液溶解，于 4℃ 保存备用。

⑨ 进一步经琼脂糖凝胶电泳鉴定。

五、实验说明

1. 加入苯酚-氯仿-异戊醇，离心后，取上层水相。

2. 用剪掉吸头前端的扩口的吸头，小心吸出溶有 DNA 的上清液，移至新的离心管中。

3. 70%乙醇洗涤后，要完全风干，以免影响后续的工作。

六、思考题

1. 苯酚、氯仿、异戊醇的作用分别是什么？

2. 你认为从动物组织中提取高纯度基因组 DNA 的关键是什么？

实验二十四　植物基因组 DNA 的提取

一、实验目的

掌握从植物组织中分离提取基因组 DNA 的方法。

二、实验原理

植物组织材料的采集与保存对提取 DNA 的产量和质量有很大影响。通常应尽可能采集新鲜、幼嫩的组织材料，采集过程中应尽可能保持组织材料所含的水分。通常的做法是取样时立即用浸湿的纱布包裹采集到的组织材料，放置在带有冷藏功能的采集容器中，这样通常可使组织材料在 3～5 天内仍然保持新鲜。野外远距离采集样本时，在可能的条件下应冷冻保存（如放置于液氮中）；当不具备冷冻条件时，最好用盛有无水 $CaSO_4$ 的瓶子分别保存，使其迅速干燥，这种方法可将材料保存数月，返回后应尽快进行 DNA 的提取工作。那些具有大量次生代谢产物（如单宁、酚类、醌类等）的植物材料，应尽可能采集幼嫩组织。此外，最好进行冷冻保存并在短时间内进行 DNA 提取。

三、器材和试剂

1. 器材

高速冷冻离心机，水浴锅，核酸电泳仪，凝胶成像系统，研钵等。

2. 试剂

（1）2%（体积分数）2-巯基乙醇。

（2）CTAB 抽提液：20g/L CTAB（十六烷基三乙基溴化铵）、100mmol/L Tris-Cl（pH 8.0）、20mmol/L EDTA（pH 8.0）、1.4mol/L NaCl，室温保存，使用前加入 2%（体积分数）2-巯基乙醇。

（3）CTAB 沉淀液：10g/L CTAB、50mmol/L Tris-HCl（pH 8.0）、20mmol/L EDTA（pH 8.0），室温保存。

（4）高盐 TE 缓冲液：10mmol/L Tris-Cl（pH 8.0）、20mmol/L EDTA（pH 8.0）、1mol/L NaCl，室温保存。

（5）异丙醇。

（6）70%（体积分数）乙醇。

（7）CTAB/NaCl 溶液：在 80mL H_2O 中溶解 4.1g NaCl，缓慢加入 10g CTAB 并搅拌，如果需要，可加热至 65℃溶解，定容终体积至 100mL。

（8）液氮。

（9）氯仿-异戊醇。

材料：水稻幼苗或其他禾本科植物，李（苹果）幼嫩叶子等。

四、实验内容

① 将 10g 新鲜的植物组织洗净、吸干，放入研钵，添加液氮，研成细粉。

② 0.2g 细粉置于 1.5mL Eppendorf 管中，加入 0.8mL 的预热的 CTAB 抽提缓冲液和 2%（体积分数）2-巯基乙醇，混合于 65℃ 温育 10～60min，其间不断搅拌混匀。

③ 加入等体积的氯仿/异戊醇，颠倒使充分混合，于 4℃ 条件下，7500g 离心 5min，取上层相。

④ 在回收的上层相中加入 1/10 体积的 65℃ 的 CTAB/NaCl 溶液，颠倒混匀，加入等体积的氯仿-异戊醇，颠倒使充分混合，于 4℃ 条件下，7500g 离心 5min。

⑤ 回收上层相，重复步骤④。

⑥ 将上清液转入新的离心管中，加入 1 倍体积的 1×CTAB 沉淀液，颠倒混匀。于 65℃ 温育 30min，观察沉淀生成。若无明显的沉淀生成，延长放置时间，使沉淀量增加。

⑦ 于 4℃ 条件下，5000g 离心 5min，用 0.2mL 高盐 TE 缓冲液重悬沉淀，若沉淀难于重悬，于 65℃ 温育 30min，重复直至所有的或大部分沉淀溶解。

⑧ 加入 0.6 体积的异丙醇，充分混匀，于 4℃，7500g 离心 15min，用 70% 冰乙醇洗涤沉淀，自然干燥，用 TE 缓冲液溶解，于 4℃ 保存备用。

⑨ 进一步经琼脂糖凝胶电泳鉴定。

五、实验说明

1. 要求选取新鲜的叶片，含有多糖等杂质少。

2. 70% 乙醇洗涤后，要完全风干，以免影响后续的工作。

六、思考题

1. 氯仿、异戊醇的作用分别是什么？

2. 你认为从植物中提取高纯度基因组 DNA 的关键是什么？

实验二十五　PCR 扩增目的 DNA

一、实验目的

1. 掌握 PCR 原理及方法。
2. 掌握 16S rDNA 对细菌进行分类的原理及方法。

二、实验原理

PCR 技术是一种体外模拟生物体内 DNA 复制过程的酶促合成特异性核酸片段技术。它以待扩增的两条 DNA 链为模板，由一对人工合成的寡核苷酸作为引物，通过 DNA 聚合酶促反应，在体外进行特异 DNA 序列扩增。PCR 类似于 DNA 的天然复制过程，其特异性依赖于与靶序列两端互补的寡核苷酸引物。其过程包括模板变性（denature）、引物退火（annealing）和 DNA 聚合酶延伸（clongation）。PCR 的变性—退火—延伸三个基本反应步骤具体构成如下。

① 模板 DNA 的变性　模板 DNA 经加热至 94℃左右一定时间后，使模板 DNA 双链或经 PCR 扩增形成的双链 DNA 解离，使之成为单链，以便它与引物结合，为下轮反应做准备。

② 模板 DNA 与引物的退火（复性）　模板 DNA 经加热变性成单链后，温度降至 55℃左右，引物与模板 DNA 单链的互补序列配对结合。

③ 引物的延伸　DNA 模板——引物结合物在 Taq DNA 聚合酶的作用下，以 dNTP 为反应原料，靶序列为模板，按碱基配对与半保留复制原理，沿着模板从 $5'$ 端到 $3'$ 端方向延伸，合成一条新的与模板 DNA 链互补的半保留复制链。

随着分子生物学的迅速发展，细菌的分类鉴定从传统的表型、生理生化分类进入到各种基因型分类水平，如（G+C）%（摩尔分数）、DNA 杂交、rDNA 指纹图、质粒图谱和 16S rDNA 序列分析等。细菌中包括有三种核糖体 RNA，分别为 5S rRNA、16S rRNA、23S rRNA，rRNA 基因由保守区和可变区组成。16S rRNA 对应于基因组 DNA 上的一段基因序列称为 16S rDNA。5S rRNA 虽易分析，但核苷酸太少，没有足够的遗传信息用于分类研究；23S rRNA 含有的核苷酸数几乎是 16S rRNA 的两倍，分析较困难。而 16S rRNA 分子量适中，又具有保守性和存在的普遍性等特点，序列变化与进化距离相适应，序列分析的重现性极高，因此，现在普遍采用 16S rRNA 作为序列分析对象对微生物进行测序分析。

三、器材和试剂

1. 器材

高速冷冻离心机，PCR 仪，核酸电泳仪，凝胶成像系统。

2. 试剂

（1）引物：16S（F） 5′-AGAGTTTGATCCTGGCTCAGAACG AAC-3′

16S（R） 5′-TACGGTTACCTTGTTACGACTTCACCCC-3′

（上海生物工程公司合成）

（2）模板：自提的微生物基因组，10×PCR Buffer，Taq 酶，dNTP（均购自上海生物工程公司）。

（3）$MgCl_2$，dNTP，Taq 酶，ddH_2O，上样缓冲液，琼脂糖凝胶等。

四、实验内容

1. 根据已发表的 16S rDNA 序列，设计保守的扩增引物

16S（F） 5′-AGAGTTTGATCCTGGCTCAGAACG AAC-3′

16S（R） 5′-TACGGTTACCTTGTTACGACTTCACCCC-3′

2. PCR 扩增体系

在 $25\mu L$ Eppendorf 管中配制以下反应混合液：

10×PCR Buffer	$2.5\mu L$
$MgCl_2$	$2.5\mu L$
16S（F）	$0.5\mu L$（$25\mu mol/L$）
16S（R）	$0.5\mu L$（$25\mu mol/L$）
dNTP	$0.5\mu L$
模板	$1.0\mu L$
Taq 酶	$0.5\mu L$

加 ddH_2O 使反应体系调至 $25\mu L$，简单离心混匀。

3. PCR 反应

将 Eppendorf 管放入 PCR 仪，盖好盖子，调好扩增条件。扩增条件为：

94℃	10min	
94℃	1min	
50℃	45s	30 次循环
72℃	2min	
72℃	10min	

4. PCR 产物的电泳检测

取出 Eppendorf 管，从中取出 $7\mu L$ 反应产物，加入 $1\mu L$ 上样缓冲液，混匀。点入预先制备好的 1% 的琼脂糖凝胶中。电泳 1h。在凝胶成像系统中观察扩增结果。

五、实验说明

1. PCR 体系中 Taq 酶一般最后添加。

2. 各成分混匀后，尽快进行扩增。

3. 引物设计要正确。

六、思考题

1. 引物设计需要注意的问题有哪些？

2. PCR 扩增需要注意的问题有哪些？

实验二十六　DNA 分子的酶切反应

一、实验目的

掌握 DNA 分子酶切方法。

二、实验原理

限制性内切核酸酶是分子生物学实验中使用频率较高的一类工具酶，它能够识别和切割双链 DNA 分子内特定的核苷酸序列。

通常将限制性内切酶分为三类。最常用的是 II 型限制性内切酶，它能在其识别序列内部或附近特异地切开 DNA 链。它们能产生确定的限制性片段和凝胶电泳条带，因此是唯一一类用于 DNA 分析和克隆的限制性内切酶。

多数 II 型限制性内切酶在特异识别序列内部切割 DNA，如 *Bam* H I、*Hind* III 和 *Not* I，商业化酶多属此类。

三、器材和试剂

1. 器材

恒温水浴锅，高速冷冻离心机，电泳仪，凝胶成像系统。

2. 试剂

限制性内切酶 *Bam* H I、*Hind* III、DNA/*Hind* III 分子量标准，ddH$_2$O（双蒸水），上样缓冲液，溴化乙锭溶液，电泳缓冲液（TAE），琼脂糖凝胶（用 TAE 电泳缓冲液配制），质粒 pUC19，溴酚蓝指示剂等。

四、实验内容

① 取一个灭菌的 Eppendorf 管，依次加入下列试剂：

ddH$_2$O	2μL
pUC19（0.5μg/μL）	30μL
10×*Bam* H I 缓冲液	4μL
Hind III（10U/μL）	2μL
Bam H I（10U/μL）	2μL
总体积	40μL

② 用手指轻弹管壁，使各种试剂混匀，快速离心，以集中溶液。

③ 置于 37℃水浴 2～3h。

④ 取 5μL 加溴酚蓝指示剂上样缓冲液，进行凝胶电泳，观察酶切反应结果。

⑤ 用凝胶电泳法分离纯化 DNA 或用苯酚-氯仿-异戊醇抽提，乙醇沉淀后，样品直接用连接酶进行连接。

⑥ 酶切样品如需保存则储存于－20℃冰箱中。

五、实验说明

1. 酶切反应用的 Eppendorf 管和吸头，高压灭菌。使用前打开包装，用镊子夹取，不可直接用手去拿，以防手上的杂酶污染。

2. 要注意酶切加样的次序，一般次序为双蒸水、缓冲液、DNA 各项试剂，最后加酶。

3. 取酶时，吸头从酶液的表面吸取，以防止吸头沾上过多的酶液。待用的酶要放在冰浴内，用后盖紧盖子，立即放回－20℃冰箱中，防止酶失活。

4. 当样品在 37℃ 保温时，要将 Eppendorf 管的盖子盖紧，防止因盖子未盖严密使水进入管内，造成实验失败。

六、思考题

1. 何为限制性内切酶？分为几个大类？有何作用特点？

2. 如何进行 DNA 的限制性内切酶酶切分析？有何注意事项？

实验二十七　感受态细胞的制备

一、实验目的

掌握 $CaCl_2$ 制备感受态细胞的方法。

二、实验原理

目前，常用冰预冷的 $CaCl_2$ 处理细菌的方法制备感受态细胞，即用低渗 $CaCl_2$ 溶液在低温（$0℃$）时处理快速生长的细菌，从而获得感受态细胞。此时细菌膨胀成球形，外源 DNA 分子在此条件下易形成抗 DNA 酶的羟基-钙磷酸复合物黏附在细菌表面，通过热激作用促进细胞对 DNA 的吸收。转化效率可达 $10^6 \sim 10^7$ 转化子/μg DNA。可以满足一般的基因克隆试验。如在 Ca^{2+} 的基础上，联合其他的二价金属离子（如 Mn^{2+}、Co^{2+}）、DMSO 或还原剂等物质处理细菌，则可使转化率提高 $100 \sim 1000$ 倍。

化学法简单、快速、稳定、重复性好，菌株适用范围广，感受态细胞可以在 $-70℃$ 保存，因此被广泛用于外源基因的转化。

三、器材和试剂

1. 器材

冷冻高速离心机，超净工作台，超低温冰箱，恒温摇床，移液枪。

2. 试剂

过夜受体菌，蛋白胨，酵母粉，NaCl，$CaCl_2$。

四、实验内容

① 前夜接种受体菌（DH5α 或 DH10B），挑取单菌落于 LB 培养基中，37℃摇床培养过夜（约 16h）。

② 取 1mL 过夜培养物转接于 100mL LB 培养基中，在 37℃摇床上剧烈振荡培养约 $2.5 \sim 3h$（$250 \sim 300$r/min）（$A_{600} = 0.4 \sim 0.6$）。

③ 将 0.1mol/L $CaCl_2$ 溶液置于冰上预冷。

以下步骤需在超净工作台和冰上操作。

④ 吸取 1.5mL 培养好的菌液至 1.5mL 离心管中，在冰上冷却 10min。

⑤ 4℃下 4000r/min 冷冻离心 5min。

⑥ 弃去上清，加入 $100\mu L$ 预冷 0.1mol/L $CaCl_2$ 溶液，用移液枪轻轻上下吸动打匀，使细胞重新悬浮，在冰上放置 20min。

⑦ 4℃下 4000r/min 冷冻离心 5min。

⑧ 弃去上清，加入 $100\mu L$ 预冷 0.1mol/L $CaCl_2$ 溶液，用移液枪轻轻上下吸动打匀，使细胞重新悬浮。

⑨ 细胞悬浮液可立即用于转化实验或添加冷冻保护剂（15％～20％甘油）后超低温冷冻储存备用（－70℃）。

五、实验说明

1. 整个过程必须在冰上进行且保持无菌。
2. 操作动作要轻柔。

六、思考题

制备感受态细胞需要注意的问题有哪些？

实验二十八　重组子的构建

一、实验目的

1. 通过对 DNA 的酶切，学习设计构建重组 DNA 分子的基本方法，掌握载体和外源目的 DNA 酶切的操作技术。

2. 学习利用 T4 DNA 连接酶把酶切后的载体片段和外源目的 DNA 片段连接起来，构建体外重组 DNA 分子的技术。

二、实验原理

DNA 片段之间的连接是通过 DNA 连接酶的催化实现的。DNA 连接酶催化是具有平末端或互补黏末端的 DNA 片段间相邻碱基通过 $3',5'$-磷酸二酯键连接起来，该反应为耗能反应，通常需要加入 ATP 或 NADH，DNA 连接酶对黏末端的连接效率要远高于对平末端的连接效率。在基因工程实验中，最常用的连接酶来源于 T4 噬菌体的 T4 DNA 连接酶。对于平末端或互补的黏末端可直接进行连接反应。

进行连接反应时，为了减少片段的自连，通常要进行去磷酸化，去磷酸化可通过碱性磷酸酶完成。比如将目的片段和载体进行连接时通常要将载体去磷酸化，以减少载体的自连。同样，进行连接反应也经常对目的片段进行去磷酸化，以增强目的片段的连接。如果载体进行了去磷酸化，目的片段可进行磷酸化，以增强目的片段和载体的连接。

在连接反应中，目的 DNA 片段和载体的比例是一个关键问题，对于长度为 1kb 的片段和 3kb 的载体而言，通常目的片段和载体的比例设为 2∶1 或 3∶1，如果目的片段过长，该比例应再升高，因为主要考虑的是载体和目的片段之间的分子数的比例。反应体系中核酸的浓度也是一个重要问题，通常反应体系中反应物浓度应保持在 $25\sim100ng/\mu L$。

连接反应和其他酶不同，需要在较低的温度下进行，通常在 $12\sim16℃$ 过夜，也可在 $4℃$ 过夜连接，如果是平末端连接，可适当提高连接温度。除上述因素外，DNA 样品的纯度、盐浓度等会影响连接效率。

三、器材和试剂

1. 器材

台式离心机，恒温水浴锅，移液枪。

2. 试剂

$2\times$ligation 缓冲液，T4 DNA 连接酶，ddH$_2$O。

材料：目的 DNA 片段，载体（pGEMT-easy）。

四、实验内容

① 取一个 1.5mL 离心管依次加入下列试剂：

2×ligation 缓冲液   5μL

pGEMT-easy   0.5μL

目的 DNA 片段   2.5μL

T4 DNA 连接酶   1μL

ddH$_2$O   1μL

② 2000r/min 离心 30s，使反应体系充分混合。

③ 4℃过夜连接。

五、实验说明

1. 目的 DNA 片段和载体的比例一般设为 2∶1 或 3∶1。

2. 连接反应通常在 12～16℃过夜或在 4℃过夜连接。

六、思考题

1. 影响连接效率的因素有哪些？

2. 合适载体选择的依据是什么？

实验二十九　质粒的转化与鉴定

一、实验目的

掌握质粒转化的方法。

二、实验原理

在自然条件下，很多质粒都可通过细菌接合作用转移到新的宿主内，但在人工构建的质粒载体中，一般缺乏此种转移所必需的 mob 基因，因此不能自行完成从一个细胞到另一个细胞的接合转移。如需将质粒载体转移进受体细菌，需诱导受体细菌产生一种短暂的感受态以摄取外源 DNA。

转化过程所用的受体细胞一般是限制修饰系统缺陷的变异株，即不含限制性内切酶和甲基化酶的突变体（R^-，M^-），它可以容忍外源 DNA 分子进入体内并稳定地遗传给后代。受体细胞经过一些特殊方法［如电击法，$CaCl_2$、$RbCl$（KCl）等化学试剂法］的处理后，细胞膜的通透性发生了暂时性的改变，成为能允许外源 DNA 分子进入的感受态细胞（competent cells）。进入受体细胞的 DNA 分子通过复制，表达实现遗传信息的转移，使受体细胞出现新的遗传性状。将经过转化后的细胞在筛选培养基中培养，即可筛选出转化子（transformant，即带有异源 DNA 分子的受体细胞）。目前常用的感受态细胞制备方法有 $CaCl_2$ 和 $RbCl$（KCl）法。$RbCl$（KCl）法制备的感受态细胞转化效率较高，但 $CaCl_2$ 法简便易行，且其转化效率完全可以满足一般实验的要求，制备出的感受态细胞暂时不用时，可加入占总体积 15％的无菌甘油于－70℃保存（半年），因此 $CaCl_2$ 法使用更广泛。

三、器材和试剂

1. 器材

恒温摇床，冷冻离心机，超净工作台，培养箱，水浴锅，超低温冰箱。

2. 试剂

蛋白胨，酵母粉，NaCl，双蒸水。

材料：pET29a-质粒，感受态细胞，卡那霉素。

四、实验内容

① 取新制备的感受态细胞或从－70℃冰箱中取 $200\mu L$ 感受态细胞悬液，室温下使其解冻，解冻后立即置于冰上。

② 加入 pET29a-质粒 DNA 溶液（含量不超过 50ng，体积不超过 $10\mu L$），轻轻摇匀，冰上放置 30min。

③ 42℃水浴中热击 90s，热击后迅速置于冰上冷却 2min。

④ 向管中加入 1mL LB 液体培养基，混匀后 37℃振荡培养 1h，使细菌恢复正常生长状态，并表达质粒编码的抗生素抗性基因（Kan＋）。

⑤ 将上述菌液摇匀后取 100μL 涂布于含 Kan＋的筛选平板上，正面向上放置半小时，待菌液完全被培养基吸收后倒置培养皿，37℃培养 16～24h。

同时做以下两个对照。

对照组 1：以同体积的无菌双蒸水代替 DNA 溶液，其他操作与步骤①至步骤⑤相同。此组正常情况下在含抗生素的 LB 平板上。

对照组 2：以同体积的无菌双蒸水代替 DNA 溶液，但涂板时只取 5μL 菌液涂布于不含抗生素的 LB 平板上。

五、实验说明

本实验方法也适用于其他 *E.coli* 受体菌株的不同的质粒 DNA 的转化。但它们的转化效率并不一定一样。有的转化效率高，需将转化液进行多梯度稀释涂板才能得到单菌落平板，而有的转化效率低，涂板时必须将菌液浓缩（如离心），才能较准确地计算转化率。

六、思考题

分析影响转化率的因素。

实验三十　外源基因的表达检测

一、实验目的

1. 掌握 SDS-PAGE 电泳的方法。

2. 掌握外源基因的表达方法。

二、实验原理

SDS-PAGE 是对蛋白质进行量化、比较及特性鉴定的一种经济、快速而且可重复的方法。该法是依据混合蛋白质的分子量不同来进行分离的。SDS 是一种去垢剂，可与蛋白质的疏水部分相结合，破坏其折叠结构，并使其广泛存在于一个均一的溶液中。SDS 蛋白质复合物的长度与其分子量成正比。在样品介质和凝胶中加入强还原剂和去污剂后，电荷因素可被忽略。蛋白质亚基的迁移率取决于亚基分子量。

三、器材和试剂

1. 器材

电泳仪，垂直电泳槽，水浴锅。

2. 试剂

（1）5×样品缓冲液（10mL）：0.6mL 1mol/L 的 Tris-HCl（pH6.8），5mL 50％甘油，2mL 10％ SDS，0.5mL 巯基乙醇，1mL 1％溴酚蓝，0.9mL 蒸馏水；可在 4℃保存数周，或在－20℃保存数月。

（2）凝胶贮液：在通风橱中，称取丙烯酰胺 30g、亚甲基双丙烯酰胺 0.8g，加 ddH$_2$O 溶解后，定容到 100mL；过滤后置于棕色瓶中，4℃保存，一般可放置 1 个月。

（3）pH 8.9 分离胶缓冲液：Tris 36.3g，加 1mol/L HCl 48mL，加 ddH$_2$O 80mL 使其溶解，调 pH 为 8.9，定容至 100mL；4℃保存。

（4）pH 6.7 浓缩胶缓冲液：Tris 5.98g，加 1mol/L HCl 48mL，加 ddH$_2$O 80mL 使其溶解，调 pH 为 6.7，定容至 100mL；4℃保存。

（5）TEMED（四乙基乙二胺）原液。

（6）10％过硫酸铵：AP，用重蒸水新鲜配制。

（7）pH 8.3 Tris-甘氨酸电极缓冲液：称取 Tris 6.0g，甘氨酸 28.8g，加蒸馏水约 900mL，调 pH 为 8.3 后，用蒸馏水定容至 1000mL；4℃保存，临用前稀释 10 倍。

（8）考马斯亮蓝 G250 染色液：称 100mg 考马斯亮蓝 G250，溶于 200mL 蒸馏水中，慢慢加入 7.5mL 70％的过氯酸，最后补足水到 250mL，搅拌 1h，小孔滤纸过滤。

（9）乙醇。

四、实验内容

（1）样品制备　将蛋白质样品与 5×样品缓冲液（20μL＋5μL）在一个 Eppendorf 管中混合。放入 100℃加热 5～10min，取上清点样。

（2）分离胶及浓缩胶的制备　将玻璃板、样品梳、Spacer 用洗涤剂洗净，用 ddH_2O 冲洗数次，再用乙醇擦拭，晾干。将两块洗净的玻璃板之间加入 Spacer，按照 Bio-Rad Mini Ⅱ/Ⅲ 说明书提示装好玻璃板。按配方配制 10％分离胶 8.0mL，混匀［ddH_2O 3.0mL，1.0mol/L Tris-HCl（pH8.8）2.1mL，30％ Acr-Bis（聚丙烯酰胺-N,N'-亚甲双丙烯酰胺）2.8mL，10％ SDS 80μL，10％AP 56μL，TEMED 6μL］。向玻璃板间灌制分离胶，立即覆一层重蒸水，约 20min 后，胶即可聚合。按配方配制 6％浓缩胶 3.0mL，混匀［2.0mL ddH_2O，400μL 1.0mol/L Tris-HCl（pH6.8），600μL 30％ Acr-Bis，36μL 10％ SDS，24μL 10％AP，4μL TEMED］；将上层重蒸水倾去，滤纸吸干，灌制浓缩胶，插入样品梳。装好电泳系统，加入电极缓冲液，上样 20μL；稳压 200V，溴酚蓝刚跑出分离胶时，停止电泳，约需 45min～1h。卸下胶板，剥离胶放入染色液中，室温染色 1～2h；加入脱色液，置于 80r/min 脱色摇床上，每 20min 更换一次脱色液（10mL 冰醋酸，45mL 乙醇，45mL 蒸馏水），至完全脱净；凝胶成像系统观察结果。

五、实验说明

1. 灌制分离胶后需立即覆一层重蒸水。
2. 称取丙烯酰胺和亚甲基双丙烯酰胺需在通风橱中进行。

六、思考题

1. 分离胶和浓缩胶浓度的选择依据是什么？
2. 分析影响 SDS-PAGE 电泳效果的主要原因。

第五章　发酵工程实验

实验三十一　菌种的制备与保藏

一、实验目的

学习和掌握微生物菌种的活化和扩大培养方法；掌握微生物菌种的常用保藏方法。

二、实验原理

菌种的制备是指将保存的菌种进行活化，再经摇瓶或种子罐等逐级扩大的过程。种子扩大培养增加菌体的数量，满足工业化生产对大量菌种的需求。菌体达到一定浓度不仅是高效率和高质量生产的保证，而且是缩短发酵周期、降低生产成本的必然要求。种子扩大培养可以提升种子生产性能。首先，通过营养物质的充分供应和适宜环境的控制，可激发菌体的新陈代谢活力，让菌体生长代谢旺盛；其次，在扩大培养过程中通过调节培养基组成、发酵温度、pH 等因素逐步向生产阶段的真实环境逼近，调理菌体的代谢，让菌体在快速增殖的同时使菌体的各项生理性能向最适宜生产需要的方向趋近。菌种经过扩大培养后，以优势菌进行生产，可以减小杂菌污染概率，减少"倒罐"现象，这是成功生产的保障。

菌种是从事微生物学及生命科学研究的基本资料，因此，菌种保藏是一项重要的基础性工作。菌种保藏主要是根据微生物的生理生化特点，人工创造条件，使孢子或菌体的生长代谢活动尽量降低，以减少其变异。

三、器材与试剂

1. 器材

恒温培养箱，恒温摇床，250mL 锥形瓶，无菌移液器，接种环，无菌甘油，无菌离心管（5mL）等。

2. 试剂

菌种：酵母（*Candida* sp.）。

培养基：葡萄糖 20.0g/L，酵母膏 6.0g/L，磷酸二氢钾 5.0g/L，硫酸镁 0.25g/L，pH 5；固体培养基另加琼脂 20g/L。

四、实验内容

1. 菌种的活化

将冰箱保藏的斜面菌种用接种环转接入新鲜的斜面培养基后，28℃恒温培养 48h。如果冰箱保藏菌种活力较低，可以重复上述操作进行多次传代培养，以恢复菌种的活力。

2. 菌种的扩大培养

将活化好的酵母菌转接入装有液体培养基的锥形瓶中，250mL 锥形瓶中的装液量为 30～50mL，接种量为一环；28℃恒温振荡培养 48h，摇床转速为 170～200r/min。

3. 菌种的保藏

（1）斜面保藏　将恢复生长活力的斜面菌种放入冰箱中进行低温保藏。要求在 30 天左右进行传代复活培养。

（2）甘油保藏　用无菌移液器取 2mL 生长良好的发酵液，于超净工作台上转入无菌离心管中，然后加入 1mL 无菌甘油，盖紧顶盖后于振动器上将甘油和发酵液混合均匀。迅速置于 −70℃冷冻保藏。

五、思考题

1. 菌种活化与扩大培养的目的是什么？
2. 常用的酵母菌种保藏方法有哪些？各有何特点？

实验三十二 酵母菌的发酵过程控制

一、实验目的

掌握自控发酵罐的构造、原理及操作规程，学习在实验室规模条件下的微生物发酵控制方法。

二、实验原理

SY-3000 生物发酵罐是带搅拌的夹套式加热的生物反应器，是基于工业以太网控制技术的新一代生物发酵成套系统。本系统是将工业自动化控制的最新技术移植到发酵系统的典型应用。

SY-3010 发酵罐系统为实验室用小型发酵罐系统。其罐体采用不锈钢（1Cr18Ni9Ti）制成，全容积为 10L，工作容积为 7L。该装置采用了先进的专用微型计算机控制系统，功能齐全，操作简便。适用于微生物菌种的制备，各类发酵过程的研究开发等。

1. SY-3010 实验装置的基本组成

SY-3010 实验装置基本组成有：罐体、仪表框架、搅拌电机、循环水泵、电加热器、供气系统、供水系统及其他管路系统。

（1）罐体 实验装置罐体及其罐体内的所有附件均采用 316L 不锈钢制成。罐体设计，首先考虑的是防止污染的问题，因此，罐体内外均做了镜面抛光，光洁度小于 $0.3\mu m$。高光洁度使得罐体更容易清洁，降低了污染概率。

本实验装置罐体的高径比设计为 2.5。

罐体瘦长，由于搅拌速度较快，为防止形成旋涡，在罐体壁上常装有挡板（Baffle）。为了便于观察内部培养情况，在罐体上装有玻璃视镜，位于罐体侧面。顶盖配有照明灯。

（2）发酵罐的搅拌系统 实验装置搅拌系统的首要作用是液体通过搅拌流动，增加气液交换的机会，以提高溶氧值。

搅拌器可以使被搅拌的液体产生轴向流动和径向流动，不同的叶桨，所产生的液体流向差别很大。

本罐采用的是底部进气方式，在进气时搅拌器打碎空气气泡，使大气泡分散成较小的气泡，增加气-液接触界面，以提高氧的传质速率。

本罐设计时搅拌器的主要作用是增加液体内的溶氧含量，所以搅拌桨叶采用了平叶式。为了使液体充分地被搅动，根据罐的容积，在同一搅拌轴上常配置多个搅拌叶桨，本罐采用常用的三层搅拌桨。

此外，本罐采用顶搅拌方式。将直流电机置于罐体顶部，并装于罐体的轴线上。直流电机可以实现无级调速，对于某些发酵过程是非常重要的。本罐搅拌轴是采用机械密封方法，并经过加压和加高压蒸汽的测试，保证了罐体内部的密封性。

（3）空气供给系统 空气供给系统由粗过滤器、无菌过滤器、排气冷凝器、排气过滤器等组成。粗过滤器可除去空气中的粗大颗粒、油、水等杂物。无菌过滤器采用高效 GS 过滤器，完全达到了灭菌要求。

（4）温度控制系统　温度控制系统由罐体夹套、加热器、冷水阀、循环泵和循环管道组成。

管道布置情况是：采取夹套外加热方式，功率为 1500W 的加热电阻在加热器内加热水温，循环泵负责加热器和夹套之间的水循环，罐体内发酵液通过夹套内壁和夹套内的水进行热交换，保证内部发酵液温度的均匀和稳定；打开冷水电磁阀门后，自动关闭加热器，冷却水在循环泵的作用下进入夹套，降低夹套水温，进一步可以降低发酵液的温度，冷却水在循环管道内进入加热器，热水通过溢流器排出。

（5）pH 控制系统　pH 控制系统由酸、碱蠕动泵组成。蠕动泵为交流电驱动的同步减速电机，可以通过调节开电时间的占空比来调节蠕动泵的流量。

在发酵过程中发酵液的 pH 也是控制的主要指标之一，一般加入硫酸和氢氧化钠溶液来改变发酵液的 pH。由于酸、碱的中和反应过程是强非线性的，因此，pH 的控制十分重要。

（6）过程变量的测量　罐体的下部还有五个接口，用来插入 pH、温度、溶解氧等测量电极。

温度电极采用热电阻 Pt100，测温范围是 0～150℃。

pH 电极采用梅特勒的复合玻璃电极，测量范围是 2～14。

溶氧的传感器采用梅特勒的极谱型溶氧电极，范围是 0%～100%。

罐底有一排料阀，兼作取样阀。罐顶为装有 6 个标准接口的盖板，这些接口为加料、接种和蠕动泵加料提供了入孔。

（7）灭菌系统　由于无菌培养的要求，本发酵罐配有在位灭菌系统（SIP）。灭菌需要的高压蒸汽由蒸汽发生器产生，经管道通入发酵罐的夹套和罐体内，并保持压力在 0.1MPa，当温度达到 121℃后，保持一定时间，即可完成灭菌功能。

2. 基本单元

尺寸（长×宽×高）1100mm×800mm×1600mm。电压交流 220V。负荷 2kW；空气流量 0～50L/min；总重量约 250kg。

基本单元由仪表框架、搅拌电机、循环水泵、电加热器、供气系统、供水系统及其他管路系统所组成（发酵罐管路系统见图 5-1）。需由外界提供的水、电、汽的接头置于基本单元背面的最下部。该发酵罐的消毒灭菌需由外部提供蒸汽就地灭菌。

发酵过程中温度的控制由加热器、循环水泵、生物过程控制器等组成的温度控制系统来完成，它能确保温度的恒定、平稳。整个过程既可自动完成，又可手动干预。

蒸汽供给管道也是基本单元的组成部分。蒸汽的进入，冷凝水的排出以及发酵罐消毒后的冷却都是由手动操作来完成的。

空气供给系统由粗过滤器、无菌过滤器、排气冷凝器、排气过滤器等组成。经过滤后的空气质量为：大于或等于 0.5μm 的粒子数不超过 3.5 个/L 空气。完全达到了灭菌要求。该过滤器具有压力降低、除菌率高、使用寿命长、操作简便及成本低等优点。

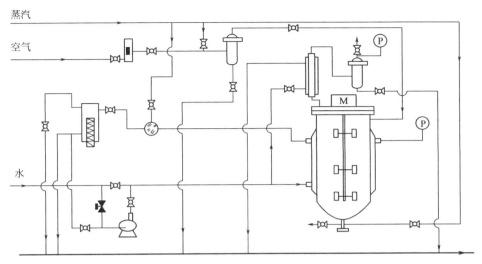

图 5-1　10L 发酵罐管路系统图

排气冷凝器将排出的废气进行冷凝，冷凝液直接返回发酵罐内，从而大大减少了发酵液体积的损失。冷凝后的空气经排气过滤器后排出，大幅度降低了有害物质的排出，减少对环境的污染。

基本单元还包括加碱、加酸、加消泡剂的蠕动泵等。

三、器材与试剂

1. 器材

SY-3010 实验装置。

2. 试剂

菌种：酵母（*Candida* sp.）。

培养基：葡萄糖 20.0g/L，酵母膏 6.0g/L，磷酸二氢钾 5.0g/L，硫酸镁 0.25g/L，pH 5。另加消泡剂 0.1%。

四、实验内容

1. 材料与仪器的准备

（1）培养基的准备　根据培养基配方和发酵体积需要，准确称取培养基各组分，溶入相应体积的水中，调节 pH 后备用。

（2）发酵罐的准备　用热水清洗发酵罐；检查发酵罐各部件运行状态，主要包括发酵罐体和空气系统的气密性、电机的运转、空气压缩机的运转、蒸汽发生器的工作、上位机的控制系统、各控制阀的工作状态。

经检修和维护，发酵系统能正常运行后，启动发酵罐、蒸汽发生器和空气压缩机，将配制好的培养基装入发酵罐中，盖紧。

2. 灭菌操作

本系统采用就地蒸汽灭菌，所需蒸汽压力应在 0.2～0.3MPa。蒸汽用量为 8～10kg/h。系统的灭菌包括发酵罐培养基的灭菌，空气过滤器及空气管道的灭菌，以及取样阀的灭菌。为保证培养液的浓度，一般采用夹套间接蒸汽灭菌。灭菌操作过程大致如下：

先把所有供水管路及空气管路关闭，开启蒸汽管路阀门，同时稍开启发酵罐夹套的排气阀门，把剩水排放掉。此时发酵罐的转速可在 200r/min，使发酵液受热均匀。当温度升到 95℃ 以上时，即可停止搅拌。然后待温度升至 121℃（罐压在 0.1～0.12MPa）时即可开始计时。根据培养基的性质确保发酵时间，一般为 30min。在此时间内应保证温度不低于 120℃。当计时开始后，可进行空气过滤器及空气管道的灭菌。其过程是稍开过滤器的排水阀门和空气管道的隔膜阀，保证空气管道的蒸汽灭菌。但不能开得太大，以免蒸汽大量进入罐内，而稀释培养基。

与此同时，还可将出料、采样阀的蒸汽阀门及出口阀稍开，保证该管路灭菌。在发酵罐盖上的接种口，同样需要放气，使其达到灭菌要求。

当保温结束时，应先把空气管路中的隔膜阀关闭。把空气过滤器排水阀关闭，以及关闭取样阀出口阀门和接种口螺帽，然后再关闭各路蒸汽阀门。接着打开冷却水阀门及排水阀门，同时打开空气流量计和空气放空阀门，把空气过滤器吹干。此时必须注意罐压的变化。绝对不能让罐压低于 0.02MPa。当罐压达到 0.05MPa 时，立即将空气管路打开，保证发酵罐的罐压在 0.05MPa 左右。当温度降到 95℃ 时，即可打开搅拌。温度可切入自动控温状态，使培养基达到接种温度，灭菌过程即告结束。

为此，操作人员必须充分熟悉管路及阀门的作用，仔细操作，以免出现不必要的失误。

3. 接种

灭菌过程结束，待温度控制恒定在发酵温度后，即可接种。本系统的接种方法可采用火焰接种法或压差接种法。火焰接种法是在接种口用酒精火圈消毒，然后打开接种口盖，迅速将接种液倒入罐内，再把盖拧紧。若采用压差法，则可在灭菌前放入垫片。在接种时把接种口盖打开，先倒入一定量的酒精消毒。待片刻后把种液瓶的针头插入接种口的垫片。利用罐内压力和种液瓶内的压力差，将种液引入罐内。接种完后拧紧盖子。用户可视具体的情况，任意选用。

4. 发酵过程控制

（1）罐压　在发酵过程中须控制罐压。本装置的罐压是由手动控制的。即用出口阀控制罐内压力。所以如果要调节空气流量的时候，必须同时调节出口阀，以保持罐内压力恒定。一般来讲，如果没有特殊要求，罐压应保持大于 0.03MPa。

（2）溶解氧（DO）的测量和控制　接种前，在恒定的发酵温度下把溶解氧的满刻度做一标定。由于 DO 是一个相对值，所以在标定时，将转速及空气量开到最大值时的 DO 值作为 100%。然后进行发酵过程的 DO 测量和控制。DO 的控制可采用调节空气流量和调节转速来达到。这是最简单的转速和溶氧的关联控制。但由于其关联程度有限，仅对耗氧不大的发酵过程才能达到自控的程度。如果发酵过程中耗氧量较大，则必须同时调节进气量（手动）才能满足要求。有时甚至需要通入纯氧（如在某些基因工程菌的高密度培养中）才能达到要求的 DO 值。本系统没有空气量与 DO 的关联自控。

（3）pH 的测量与控制　在灭菌前应对 pH 电极进行 pH 的校正。在发酵过程中 pH 的控制是用蠕动泵的加酸加碱来达到的。值得提醒的是，对使用的酸瓶或碱瓶要先在灭菌锅中进行灭菌。

（4）泡沫的控制　发酵前期，由于菌量较少，根据发酵液的起泡情况可以降低或停止搅拌。发酵后期由于菌量快速地增加，为满足菌体生长的溶解氧需要，不能降低搅拌转速和通气量，只能通过补加消泡剂的方法来控制泡沫，因此需要准备适量的无菌消泡剂。当发生泡沫报警后，应立即采取措施进行泡沫控制。

5. 采样测定

定期对发酵过程进行参数检测是发酵管理和控制的必需措施。每天 7:00 第一次采样，然后每间隔 4～5h 采样一次，每天 22:00 后不再采样。每次采样后需要立即检测相关参数，如果不能及时检测的，样品必须立即放入冰箱，然后在不超过 4h 内进行处理。

每次采样之前和采样之后都需要用蒸汽对采样口进行灭菌处理。

6. 发酵结束

发酵结束后，应及时将发酵液放出罐外，并清洗发酵罐。如果罐内壁黏附有不易洗脱的蛋白质等污物，应打开发酵罐的罐盖，用毛刷清洗干净后再盖紧罐盖。

放出罐外的发酵液如果需要长期放置，应立即加入防腐剂。

五、结果记录

将发酵过程中各参数记录结果填入表 5-1。

表 5-1　发酵过程参数记录

培养时间/h	0
葡萄糖浓度/%	
pH	
A_{600}	

六、思考题

1. 根据你的体会，请谈谈发酵过程需要特别注意的操作单元有哪些？为什么？
2. 请结合自己的实验结果，谈谈各参数的过程变化及其相互关系。

实验三十三　活性干酵母的制备

一、实验目的

学习和掌握酵母的冻干操作技术。

二、实验原理

冷冻干燥就是把含有大量水分的物质预先冻结成固体，然后在真空条件下适当加热使水蒸气直接从固体中升华出来，而物质本身留在冻结时的冰架子中，因此干燥后的产品体积几乎不变。整个干燥过程是在较低的温度下进行的。

冷冻干燥的优点：①低温冷冻干燥对许多热敏性物质特别适用，如蛋白质、微生物等不会发生变性或失活，广泛地应用于医药工业；②低温冷冻干燥时，产品挥发性成分损失小，因而应用于食品、药品和化工产品等；③低温冷冻干燥过程中，可以有效抑制微生物的生长和酶的作用；④低温冷冻干燥基本保证了产品的原有的结构，不会发生浓缩现象；⑤干燥后的产品疏松多孔呈海绵状，加水后溶解，可迅速恢复原来的形状；⑥真空干燥时基本不含氧气，因此使一些易氧化的物质得到保护；⑦低温冷冻干燥可排除 95% 以上的水分，干燥后的产品能长期保存不变质。

三、器材

冻干机，干燥箱，酵母泥等。

四、实验内容

1. 产品的预冻

（1）配制液体　需冻干的产品要配制成一定浓度的液体，一般在 $4\%\sim25\%$ 为宜。

（2）产品的分装　散装和瓶装。散装可采用金属盘、饭盒或玻璃器皿；瓶装采用玻璃瓶（如血浆瓶、疫苗瓶和青霉素小瓶等）和安瓿（如平底安瓿、长安瓿和圆安瓿等），各容器在分装之前要求清洗干净并进行灭菌处理。产品的分装的要求：一般厚度不大于15cm，表面积尽可能大，这样有利于升华。

（3）预冻的方法

① 箱内预冻法，直接把产品放置在冻干机冻干箱内的多层隔板上进行冷冻。

② 箱外预冻法，一种方法是低温冰箱或酒精加干冰来进行预冻，另一种方法是用专用的旋冻器，可把大瓶的产品边旋转边冷冻成壳状结构再进冻干箱。

③ 特殊预冻法，即离心式预冻法，利用在真空下液体迅速蒸发并吸收本身的热量而冻结，一般 $800r/min$。

（4）预冻时要注意的问题

① 预冻速率，应根据产品选择最优速率。

② 预冻的最低温度，应低于共熔点温度。

③ 预冻时间，应恰好在抽真空之前（因此要提前使冷凝器工作，达到－40℃时，真空度达到 0.1mmHg）溶剂均已冻实。（经验值：一般预冻达到规定的温度后，再保存 1～2h 就可以抽真空升华）

2. 产品第一阶段的干燥

升华干燥阶段加热的温度应接近于共熔点的温度，但又不能超过共熔点的温度。

第一阶段使溶剂内冻结冰大部分升华，因此也称该过程为升华干燥阶段。升华是一个吸热的过程，因此必须对产品低温加热，但绝不能超过共熔点的温度。如果加热的温度低于共熔点的温度过多，则升华的速率降低而延长了升华阶段的时间。

影响升华干燥阶段的因素：①产品本身，共熔点较高的产品易干燥，升华时间短；②产品的分装厚度，正常的升华速率大约每小时产品下降 1mm 的厚度；③冻干机的性能，如真空性能、冷凝器的温度和效能。

3. 维持阶段

冻干箱加热隔板的温度接近于产品共熔点的温度，维持 12h 左右，使产品中大部分冻结冰升华。（实验室常用的方法即过夜处理，因此实验前要预计实验进程）

4. 产品第二阶段的干燥

一旦产品内冻结的冰大部分（约 90％冰已升华）升华完毕，产品的干燥进入第二阶段，即解吸干燥阶段。

解吸干燥阶段，可以迅速使产品的温度上升到该产品的最高容许温度（25～40℃），并在该温度下一直维持到冻干结束。

5. 最后维持阶段，即冻干结束

冻干结束后，要把产品放入无菌干燥箱，然后尽快加塞封口，以防止重新吸收空气中的水分。

6. 冻干操作的注意事项

生物制品的冷冻干燥产品常需要一定的物理形态，如均匀的颜色、符合要求的含水量、良好的溶解性、高的存活率和较长的保存期。因此要优化各干燥步骤的参数，冻干曲线和时序就是进行冷冻干燥过程控制的基本依据。

冻干曲线是冻干箱隔板层的温度（干燥中产品温度受隔板层温度控制）和时间的关系曲线。冻干时序是在冻干过程中，各设备起闭运行的情况。

确定冻干曲线和时间需要根据下列参数：

（1）预冻速率　实验室常用预冻温度和装箱时间来决定预冻速率。要求预冻速率快，则冻干箱先降至较低温度，然后再装箱；要求预冻速率慢，则产品装箱之后再让冻干箱降温。

（2）预冻的最低温度　预冻最低温度低于产品共熔点的温度。

（3）预冻时间　一般要求在样品温度到达预定温度之后再保持 1～2h。注意：一般不赞成把溶剂直接放在冷冻箱的隔板层上干燥。

（4）冷凝器降温的时间　要求在预冻结束抽真空的时候，冷凝器的温度要到达−40℃以下。冷凝器的降温通常从开始一直持续到冻干结束为止，温度始终应在−40℃以下。

（5）预冻结束时间　预冻结束就是停止冻干箱隔板层的降温，通常在抽真空时（或真空度达到一定值时）停止隔板层的降温。

（6）抽真空时间　预冻结束即开始抽真空，直至干燥结束。

（7）真空控制时间　真空控制目的是为了改进冻干箱的热量传递，通常在第二阶段干燥时使用，待产品温度达到最高许可温度后停止使用，继续恢复高真空状态。

（8）产品加热的最高许可温度　升华过程中，加热温度可以略超过产品的最高许可温度，但在最后阶段隔板层温度应与产品最高许可温度一致。

（9）冻干的时间　18～24h。

五、结果与记录

请记录冷冻干燥过程的操作步骤及具体参数，并对冷冻干燥的酵母菌进行描述。

六、思考题

冷冻干燥过程中不同阶段温度控制的原理是什么？

实验三十四　酵母固定化技术

一、实验目的

了解固定化酶的操作技术与基本原理，掌握海藻酸钠固定化细胞技术。

二、实验原理

海藻酸钠在钙离子溶液中可以形成固化海藻酸钙凝胶，如果适当的成型器将含有酶的海藻酸钠溶液滴加入氯化钙溶液中，即可形成酶的海藻酸钙固定化颗粒。通过控制海藻酸钠的浓度，可制作孔隙度不同的海藻酸钙胶粒，大分子如细胞或酶等被固定于胶体空隙内而小分子物质可以自由通透于胶体内外。

三、器材与试剂

1. 器材

注射器，恒温槽，锥形瓶，酵母泥等。

2. 试剂

海藻酸钠，氯化钙，葡萄糖等。

四、实验内容

1. 固定化酵母的制备

用 $70\sim80$ mL 的开水溶解 2g 海藻酸钠，冷却到室温。在其中加入适量酵母泥，加水调匀至 100mL。用注射器将海藻酸钠溶液逐滴滴加到 0.5% $CaCl_2$ 溶液中，同时缓慢地搅拌，海藻酸钠在 $CaCl_2$ 溶液中凝胶化，静置 30min 使之完全凝胶化。将凝胶颗粒保存于 0.2% $CaCl_2$ 溶液中，冰箱放置备用。

2. 固定化酵母的生物转化测定

取制备好的固定化酵母（即凝胶颗粒）于含 0.2% 葡萄糖的溶液中，在空气恒温振荡器中转化 4h，测定转化液中葡萄糖含量。

五、结果与分析

根据转化液中葡萄糖的消耗情况，计算固定化酵母细胞的转化活力。

六、思考题

固定化操作过程中，为什么要排除海藻酸钠溶液中的气泡？

实验三十五　灵菌红素的发酵制备

一、实验目的

了解红色素生产菌沙雷菌的生长特性，学习次级代谢物的发酵工艺。

二、实验原理

天然色素与化学合成色素相比，具有安全性高、无毒、色泽自然鲜艳的特点，有一定的营养价值和药理保健作用，使天然色素的种类和市场需求量大幅度增加。目前大多数天然色素来源于植物，但由于植物生长周期长且受季节、气候、产地等因素的影响，提取工艺复杂，致使天然色素价格昂贵，推广应用受到局限。开发新品种的天然色素，探索新的天然色素来源，对原有天然色素的生产工艺进行改进，扩大天然色素的应用范围，降低天然色素的生产成本，已成为生产中迫切需要解决的问题。

灵菌红素（prodigiosin）是由多种微生物产生的一类具有重要生物活性的次级代谢产物。灵菌红素通常都含有 3 个吡咯环组成的甲氧基吡咯骨架结构（图 5-2）。它具有抗细菌、抗疟疾、抗真菌、抗原生动物和自身免疫抑制活性（如：可抑制迟发型超敏反应和器官移植后的宿主排斥反应等），另外发现灵菌红素在极低的浓度下（十亿分之一的浓度），能快速杀死导致赤潮的大部分浮游生物，在水体污染的治理方面显示出巨大的威力，抗癌和引起癌细胞凋亡等生物功能越来越引起研究者的关注。

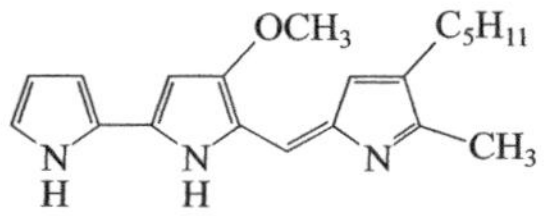

图 5-2　灵菌红素的分子结构

三、器材与试剂

1. 器材

摇床，发酵罐，锥形瓶，紫外分光光度计，离心机等。

2. 试剂

（1）培养基

固体培养基（LB 培养基）：酵母粉 5g/L，蛋白胨 10g/L，NaCl 10g/L，pH7.0，琼脂 12g/L。

发酵培养基：蛋白胨 13g/L，甘油 20g/L，$MgSO_4$ 1.2g/L，NaCl 5.0g/L，Gly 2.0g/L。

（2）菌种　黏质沙雷菌（*Serratia marcescens*）。

四、操作步骤

1. 种子培养

取 8 只 250mL 锥形瓶，分别加入 50mL 发酵培养基。用 8 层纱布包扎瓶口，再加牛皮纸包扎。置 121℃灭菌 20min。将平板上活化菌株的单菌落转接到 250mL 锥形瓶中，

37℃，150r/min，培养过夜。

2. 发酵培养

（1）材料与仪器的准备

① 培养基的准备：根据培养基配方和发酵体积需要，准确称取培养基各组分，溶入相应体积的水中后定容为 7L，调节 pH 为 7.0 后备用。

② 发酵罐的准备：用热水清洗发酵罐；检查发酵罐各部件运行状态，主要包括发酵罐体和空气系统的气密性、电机的运转、空气压缩机的运转、蒸汽发生器的工作、上位机的控制系统、各控制阀的工作状态。

经检修和维护，发酵系统能正常运行后，启动发酵罐、蒸汽发生器和空气压缩机，将配制好的培养基装入发酵罐中，盖紧。

（2）发酵过程控制　参见实验三十二的相关操作。

3. 菌体和红色素的测定

（1）吸光度的测定

菌体 A_{600}：以水作为参比，在 600nm 处，测定吸光度大小，绘制生长曲线。

红色素的吸光度测定（A_{535}）：取 1mL 发酵液，加 9mL 的丙酮，混合均匀，取 1.2mL 混合液，10000r/min 离心 5min，取上层 1mL，用酸性丙酮（pH 3.0）进行适当的稀释，在 535nm 处测定吸光度大小。

（2）菌体干重测定　取 1mL 发酵液，加 9mL 的丙酮，混合均匀，取 1.2mL 混合液，10000r/min 离心 5min，去上清，观察沉淀颜色。若颜色为红色，则选用丙酮进行洗涤，直至为白色，再取蒸馏水洗涤 2 次，去除水分，利用记差法测菌体湿重。

五、实验报告

1. 按照表 5-2 中的要求填写实验结果，并计算总得率。

表 5-2　发酵检测项目

项　　目		单位	测定结果
发酵液	发酵液体积	L	
	菌体的质量	g	
	红色素的质量	g	

2. 分别绘制沙雷菌的生长动力学曲线和红色素产生的动力学曲线。

六、思考题

1. 影响红色素合成的因素有哪些？
2. 讨论摇瓶发酵和发酵罐发酵的优缺点。

第六章　分离工程实验

实验三十六　灵菌红素的分离纯化与结构鉴定

一、实验目的

1. 了解微生物发酵产物灵菌红素的理化性质及提取分离纯化工艺流程。
2. 掌握薄层色谱、柱色谱技术以及 UV、IR、HPLC、NMR 结构表征技术。
3. 掌握天然产物分离纯化以及定性定量分析技术。
4. 要求按照教师给定的对照实验,进行自主的创新实验设计并进行工艺评价。

二、实验原理

灵菌红素(prodigiosin,化学名 2-methyl-3-pentyl-6-methoxyprodiginine)是一种红色物质,可由黏质沙雷菌(*Serratia marcescens*)等细菌合成的次级代谢产物(secondary metabolite)。化学结构是具有三吡咯环,其中的一个吡咯环 C-2 上带有一个甲基,C-3 上则有一个戊基。但现在它已被发现具有多种生物活性作用,能抗癌、抗微生物、抗疟疾、抗霉,具有免疫抑制的作用。其中抗癌方面,因为其具有对癌组织的高针对性和对正常细胞的低毒害作用,而成为一种非常有潜力的抗癌物质。

灵菌红素易溶于乙醇、丙酮、苯等大多数有机溶剂,不溶于水。在空气中见光易变色。需要避光保存,灵菌红素的紫外-可见光谱的主要吸收峰为 535nm。

三、器材与试剂

1. 器材

超声波提取器,旋转蒸发仪,恒温水浴锅,柱色谱系统,UV-2550 紫外-可见分光光度计,安捷伦 1200 高效液相色谱仪,纯水制备系统,傅里叶红外光谱仪,核磁共振波谱仪,元素分析仪,恒温摇床,锥形瓶,离心机等。

2. 试剂

酵母膏,蛋白胨,甘油,丙酮,甲醇,乙醇,石油醚,氯仿,乙酸乙酯等。

菌种：JX01 黏质沙雷菌菌株（CGMCC：4074）。

四、实验设计工艺路线图

实验流程图见图 6-1。

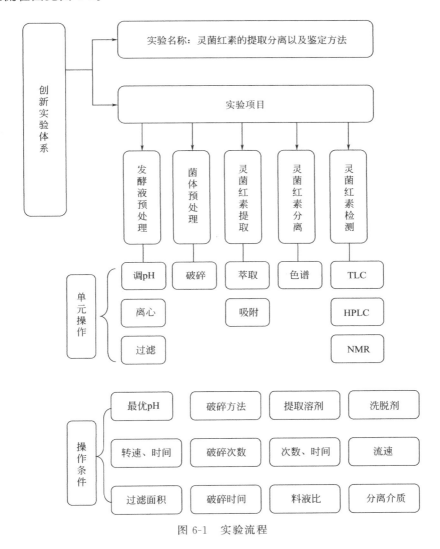

图 6-1　实验流程

五、实验操作与步骤

1. 灵菌红素的发酵

培养条件如下：

活化菌种：优化的菌种（−80℃ 冰箱保存），经斜面活化后接入种子培养基，37℃、180r/min 的摇床培养 12h。

种子培养基：牛肉膏 3.0g/L，蛋白胨 10.0g/L，NaCl 5.0g/L，琼脂 18.0g/L，pH 值 7.4～7.6。

发酵培养：250mL 锥形瓶，装液量 50mL，按 5％的接种量接种至发酵培养基中，37℃、180r/min 的摇床培养 48h。

发酵培养基：甘油 20.0g/L，蛋白胨 13.0g/L，$MgSO_4$ 1.2g/L，NaCl 5.0g/L，摇瓶装液量 20mL/100mL，接种量 5％（体积分数），pH 6.5。

2. 灵菌红素的提取

第一种方案：取发酵液 50mL，5000r/min 离心 15min，去除上清液，沉淀（称湿重）加入 10mL pH 4 的酸性丙酮，超声波辅助提取 3 次，每次 20min，合并提取液用旋转蒸发器旋转，40℃旋转蒸干得到丙酮粗提物，用 10mL 石油醚脱脂 3 次，去除残余石油醚得脱脂物（称重）。

第二种方案：收集发酵液（计算体积），5000r/min 下离心 15min，收集菌体（称湿重），加入氯仿 15mL 碾磨后加水 20mL，混合离心，吸取氯仿层，随后用旋转蒸发器 40℃旋转蒸干得到氯仿提取物（称重）。

3. 灵菌红素的分离纯化

上述脱脂物用 5mL 氯仿溶解，离心去除不溶物，上清液上硅胶柱，进行硅胶柱色谱（质量比 1∶30），以氯仿-乙酸乙酯（9∶1）为洗脱剂，流速 1mL/min，TLC 检测，收集灵菌红素组分（每管 5mL），合并浓缩，烘干得色谱纯灵菌红素。以实验室自制的灵菌红素产品（≥98％ HPLC 纯）为标准，按照标准曲线的方法测定不同操作步骤中灵菌红素的纯度和回收率。另外，色谱纯灵菌红素使用石油醚进行重结晶，离心，得灵菌红素纯品。进行 HPLC 测定、熔点测定、NMR 测定来初步鉴定其纯度。

4. 计算

计算整个提取分离过程中灵菌红素的提取率和纯度变化情况。

六、实验说明

本实验属于创新性实验，可以形成创新小组，以实验操作与步骤的内容为参照组，自主设计不同的提取分离因素，考察不同的因素水平，评价自主设计实验与参照组实验的优缺点。

七、思考题

1. 如何鉴定一种化合物的纯度？
2. 对于未知化合物如何确定其结构？简要说明鉴定过程。

实验三十七　Ni-NTA 金属螯合法纯化重组 β-葡萄糖苷酶

一、实验目的

1. 了解含 His-tag 的重组蛋白的特性。
2. 学习 Ni^{2+} 等过渡金属离子分离含 His-tag 的重组蛋白的原理。
3. 熟练掌握 Ni-NTA 金属螯合法纯化含 His-tag 的重组 β-葡萄糖苷酶的操作方法。
4. 学习蛋白质产品纯度的检验方法。

二、实验原理

蛋白质表面的某些氨基酸残基如组氨酸的咪唑基团、半胱氨酸的巯基、色氨酸的吲哚基团（后两种与金属离子的作用要小得多）可以与多种过渡金属离子（如 Cu^{2+}、Zn^{2+}、Ni^{2+}、Co^{2+} 和 Fe^{3+}）形成配位相互作用。因而，利用一些过渡金属离子能够吸附富含这类氨基酸的蛋白质，可以通过改变盐的浓度等降低金属离子与蛋白质的亲和力将其洗脱，从而达到分离纯化蛋白质的目的。

利用镍离子（Ni^{2+}）亲和柱分离纯化含组氨酸标签（His-tag）的重组蛋白是蛋白质分离的经典方法之一。蛋白质过镍柱纯化的原理：在目标蛋白的 N 端或 C 端加入 6 个连续的组氨酸残基，形成含有 6 个 His-tag 的区段。每个组氨酸含有一个咪唑基团，这个化学结构带有很多额外电子，对于带正电的化学物质有静电引力，亲和配体（填料）上的 Ni^{2+} 带正电对组氨酸有亲和作用。在含 His-tag 的蛋白质上样后，带有 His-tag 的蛋白质特异性结合到柱子里，其他的杂蛋白流出，然后再用高浓度的咪唑梯度洗脱，咪唑竞争性结合到镍上，目标蛋白就被洗脱，收集洗脱液获得目标蛋白。

高亲和 Ni-NTA 纯化介质是把螯合剂 NTA 共价偶联到琼脂糖介质（4% 交联）上，然后再螯合 Ni^{2+} 制备而成。NTA 能够通过 4 个位点牢固地螯合 Ni^{2+} 从而减少纯化过程中 Ni^{2+} 泄漏到蛋白样品中。Ni-NTA 纯化介质可以纯化任何表达系统（原核生物、酵母、昆虫细胞和哺乳动物细胞等表达系统）表达的天然或变性的 His-tag 蛋白。结合在介质上的蛋白质可以通过低 pH 缓冲液、咪唑溶液甚至组氨酸溶液洗脱下来。该实验所分离的蛋白质是 β-葡萄糖苷酶 C 端引入的 His-tag，因此，利用 Ni-NTA 纯化柱就能够选择性地纯化重组 β-葡萄糖苷酶。

三、器材与试剂

1. 器材

培养箱，恒温摇床，超净工作台，超声破碎仪，高速离心机，锥形瓶，聚苯乙烯色谱柱，AKTA 蛋白质纯化系统，离心管，培养皿，烧杯，玻璃棒，封口膜。

2. 试剂

酵母提取物，胰蛋白胨，NaCl，异丙基-β-D-硫代半乳糖苷（IPTG），盐酸胍（GuHCl），卡那霉素，NaH_2PO_4，Tris，KCl，$Na_2HPO_4 \cdot 12H_2O$，KH_2PO_4，尿素（Urea），溶菌酶，Ni-NTA 树脂，Triton X-100，β-巯基乙醇，咪唑，HCl，乙醇，双蒸水。

四、实验操作与步骤

1. 溶液配制

（1）缓冲液 A　100mmol/L NaH_2PO_4，10mmol/L Tris，6mol/L GuHCl（pH 8.0）。

（2）缓冲液 B　100mmol/L NaH_2PO_4，10mmol/L Tris，8mol/L Urea（pH 6.3）。

（3）缓冲液 C　100mmol/L NaH_2PO_4，10mmol/L Tris，8mol/L Urea（pH 4.5）。

（4）PBS 缓冲液　称取 NaCl 8g、KCl 0.2g、$Na_2HPO_4 \cdot 12H_2O$ 3.63g、KH_2PO_4 0.24g，溶于 900mL 双蒸水中，用盐酸调 pH 至 7.4，加水定容至 1L，常温保存备用。

2. 细胞培养及 β-葡萄糖苷酶的诱导表达

① 将含有 β-葡萄糖苷酶基因的 BL21 菌液接种到 4mL 含 $100\mu g/mL$ 卡那霉素的 LB 液体培养基中，37℃，200r/min 振摇培养过夜。

② 取 $100\mu L$ 培养过夜的菌液接种到 5mL 含 $100\mu g/mL$ 卡那霉素的 LB 液体培养液中，37℃，200r/min 振摇培养至 A_{600} 0.6～0.8 时，加入 1mol/L 的 IPTG，使 IPTG 终浓度分别为 1mmol/L，置于 37℃摇床继续培养 4h，置于 4℃保存备用。

3. β-葡萄糖苷酶纯化

① 收集 3mL 菌液，4℃ 10000g 离心 5min；1×PBS 漂洗后离心收集沉淀。

② 加入 1×PBS，pH8.0（含有 2％Triton X-100），振荡混匀后加入溶菌酶，在 4℃反应 30min。

③ 菌体用超声破碎仪作用 10min，随后 10000g 离心 10min，收集包涵体沉淀。

④ 加入 $200\mu L$ 缓冲液 A、$0.5\mu L$ β-巯基乙醇和 $4\mu L$ 咪唑（终浓度为 20mmol/L），轻微混匀后，在室温下放置 1h，使包涵体充分溶解。

⑤ 12000g 离心 10min，上清置于新的离心管中备用。

⑥ 取 $50\mu L$ 混合 50％乙醇的 Ni-NTA，轻微离心后，吸去上清，Ni-NTA 用等量的缓冲液 B 洗涤两次。

⑦ 把包涵体破碎后的上清，加入到 Ni-NTA 中，室温下轻微混匀 30min。

⑧ 12000g 离心 10s 沉淀 Ni-NTA，将离心管中的上清倒掉。

⑨ 在 Ni-NTA 中加入 $250\mu L$ 缓冲液 B 和 $5\mu L$ 咪唑（终浓度为 20mmol/L），轻微混匀后，12000g 离心 10s，去上清。重复一次。

⑩ 加入 $25\mu L$ 缓冲液 C 和 $5\mu L$ 咪唑（终浓度为 160mmol/L），12000g 离心 10s，上清为含重组蛋白的洗脱液，重复三次。

⑪ SDS-PAGE 分析鉴定表达产物的分离纯化情况。

4. 实验结果与分析

① 拍照，记录实验结果。

② 根据 Marker 蛋白条带分析目标蛋白大小，并分析是否形成二聚体或包涵体。

五、实验说明

1. 工程菌的构建与诱导表达时间要严格控制，通常在 $A=0.6$ 左右进行诱导表达。

2. 蛋白质的纯化尽量在 16℃ 以下的环境温度操作。

3. 注意 Ni-NTA 的再生条件。

六、思考题

1. 为何要利用 IPTG 进行蛋白质的诱导表达？

2. 实验中使用的几种缓冲液起什么作用？

3. 实验中有时候流速很慢，分析其可能的原因。

4. 目标蛋白不能与 Ni-NTA 树脂结合，其原因是什么？

5. 目标蛋白洗脱失败或洗脱液中含有杂蛋白，其原因是什么？

实验三十八　酵母蔗糖酶的提取与分离纯化

一、实验目的

1. 学习酶的纯化方法、酶蛋白分离提纯的原理。
2. 掌握细胞破壁、有机溶剂分级和离子交换柱色谱技术。
3. 学习独立设计实验应遵循的原则。

二、实验原理

蔗糖酶主要存在于酵母中，在工业上通常从酵母中制取。酵母蔗糖酶系胞内酶，提取时细胞破碎或菌体自溶。常用的提纯方法有盐析、有机溶剂沉淀、离子交换和凝胶柱色谱。以此可得到较高纯度的酶。

细胞破壁的几种方法：

（1）高速组织捣碎　将材料配成稀糊状液，放置于筒内约 1/3 体积，盖紧筒盖，将调速器先拨至最慢处，开动开关后，逐步加速至所需速度。

（2）玻璃匀浆器匀浆　先将剪碎的组织置于管中，再套入研杆来回研磨，上下移动，即可将细胞研碎，此法细胞破碎程度比高速组织捣碎机高，适用于量少和动物脏器组织。

（3）反复冻融法　将细胞在 −20℃ 以下冰冻，室温融解，反复几次，由于细胞内冰粒形成和剩余细胞液的盐浓度增高引起溶胀，使细胞结构破碎。

（4）超声波处理法　用一定功率的超声波处理细胞悬液，使细胞急剧振荡破裂，此法多适用于微生物材料。

（5）化学处理法　有些动物细胞（例如肿瘤细胞）可采用十二烷基磺酸钠（SDS）、去氧胆酸钠等破坏细胞膜，细菌细胞壁较厚，采用溶菌酶处理效果更好。

（6）有机溶剂沉淀法　即向水溶液中加入一定量的亲水性的有机溶剂，可降低溶质的溶解度，使其沉淀被析出。

三、器材与试剂

1. 器材与仪器

研钵 1 个，离心管 3 个，滴管 3 个，50mL 量筒 1 个，冰浴锅 1 个，恒温水浴锅 1 个，100mL 烧杯 2 个，试管 12 支，广泛 pH 试纸，高速冷冻离心机，分光光度计，点滴板 1 个等。

2. 试剂

二氧化硅，甲苯（使用前预冷到 0℃ 以下），去离子水（使用前预冷至 4℃ 左右），1mol/L 醋酸，95% 乙醇，考马斯亮蓝，0.2mol/L pH 4.6 的醋酸缓冲液，0.5mol/L 蔗糖溶液等。

实验材料：啤酒酵母（市售安琪酵母），标准蛋白液。

四、实验操作与步骤

1. 蔗糖酶的提取

① 准备一个冰浴，将研钵稳妥放入冰浴中。预先在冰箱中冷却 5g 干酵母和 2.5g 二氧化硅。

② 将 5g 干酵母和 2.5g 二氧化硅放入研钵中。量取预冷的甲苯 15mL 缓慢加入酵母中，边加边研磨成糊状，约需 60min。研磨时用显微镜检查研磨的效果，至酵母细胞大部分研碎。

③ 缓慢加入预冷的 20mL 去离子水，每次加 2mL 左右，边加边研磨，至少用 30min，以便将蔗糖酶充分转入水相。

④ 将混合物转入两个离心管中，平衡后，用高速冷冻离心机离心，4℃，10000r/min 离心 10min。如果中间白色的脂肪层厚，说明研磨效果良好。用滴管吸出上层有机相。

⑤ 用滴管小心地取出脂肪层下面的水相，转入另一个清洁的离心管中，4℃，10000r/min 离心 10min。

⑥ 将清液转入量筒，量出体积，留出 1.5mL 测定酶活力及蛋白质含量。剩余部分转入清洁离心管中。

⑦ 用 pH 试纸检查清液 pH，用 1mol/L 醋酸将 pH 调至 5.0，称此清液为"粗级分Ⅰ"。

2. 提取物的热处理

① 预先将恒温水浴调到 50℃，将盛有粗级分Ⅰ的离心管稳妥地放入水浴中，50℃下保温 30min，在保温过程中不断轻摇离心管。

② 取出离心管，于冰浴中迅速冷却，4℃，10000r/min 离心 15min。

③ 将上清液转入量筒，量出体积，留出 1.5mL 测定酶活力及蛋白质含量（此时清液称为"热级分Ⅱ"）。

3. 提取物的乙醇沉淀

将热级分Ⅱ转入小烧杯中，放入冰盐浴（没有水的碎冰撒入少量食盐），逐滴加入等体积预冷至 −20℃ 的 95% 乙醇，同时轻轻搅拌，共需 30min，再在冰盐浴中放置 10min，以沉淀完全。于 4℃，10000r/min 离心 10min，倾去上清，并滴干，离心管中沉淀用 5～8mL Tris-HCl（pH7.3）缓冲液充分溶解（若溶液混浊，则用小试管，4000r/min 离心除去不溶物），量出体积，留出 1.5mL 测定酶活力及蛋白质含量（此时溶液称为"醇级分Ⅲ"）。剩余部分交给老师，用于以后的实验。

4. 蔗糖酶活性及蛋白质浓度的测定

（1）各级分蛋白质浓度测定

① 蛋白质浓度测定——标准曲线的制备。取 12 支干净试管，分两组按表 6-1 编号并加入试剂混匀。以吸光度平均值为纵坐标、各管蛋白质含量作为横坐标作图，得标准曲线。

表 6-1　考马斯亮蓝法测定蛋白质浓度——标准曲线的绘制

编　号	0	1	2	3	4	5
标准蛋白液/mL	—	0.2	0.4	0.6	0.8	1.0
水/mL	1.0	0.8	0.6	0.4	0.2	0.0
考马斯亮蓝/mL	5	5	5	5	5	5
蛋白质含量/μg						
处理方式	保温 10min 后,静置 5min					
1　A_{595nm}						
2　A_{595nm}						
A_{595nm} 平均值 n						

② 各级分蛋白质浓度的测定。取 7 支干净试管,每级分做两管,按表 6-2 编号并加入试剂混匀。读取吸光度值。以各级分的吸光度平均值查标准曲线即可求出蛋白质含量。各级分应进行一定倍数的稀释,先试做,选其吸光度值在标准曲线内为宜。

表 6-2　各级分蛋白质浓度的测定

编　号	0	1		2		3	
粗级分Ⅰ/mL		0.5	0.5				
热级分Ⅱ/mL				0.5	0.5		
醇级分Ⅲ/mL						0.5	0.5
水/mL	1	0.5	0.5	0.5	0.5	0.5	0.5
考马斯亮蓝/mL	5	5	5	5	5	5	5
蛋白质含量/μg	各级分应进行一定倍数的稀释,先试做,选其吸光度值在标准曲线内						
处理方式	保温 10min 后,静置 5min						
A_{595nm}							
A_{595nm} 平均值							
各级分蛋白质浓度/(mg/mL)							

（2）各级分蔗糖酶活性的定性和半定量测定　在点滴板上每个孔中滴加一滴 0.2mol/L pH4.6 的醋酸缓冲液,再滴加一滴 0.5mol/L 蔗糖溶液和各级分的稀释溶液,反应 5min,使用血糖仪进行自动测量。结果列于表 6-3。

表 6-3　各级分蛋白酶活性的测定

各级分样液	粗级分Ⅰ	热级分Ⅱ	醇级分Ⅲ
处理方式	反应 5min		
定性			
定量/(mmol/L)			

定性：以 －,±,＋,＋＋,＋＋＋,＋＋＋＋代表酶活力大小。

五、实验说明

1. 整个提取过程要在冷链条件下进行。
2. 酶活的测定各级分要进行适度的稀释。
3. 不同级分的蛋白质含量与酶活有不同的结果，要加以注意。

六、思考题

1. 血糖仪测定酶活的原理。
2. 常用蛋白酶沉淀的方法有哪些？本实验中可否使用？

参 考 文 献

[1] 王冬梅.微生物学实验指导［M］.北京：科学出版社，2017.

[2] 黄秀梨，辛明秀.微生物学实验指导［M］.第2版.北京：高等教育出版社，2008.

[3] 赵海泉.微生物学实验指导［M］.北京：中国农业大学出版社，2014.

[4] 全桂静，雷晓燕，李辉.微生物学实验指导［M］.北京：化学工业出版社，2010.

[5] 李太元，许广波.微生物学实验指导［M］.北京：中国农业出版社，2016.

[6] 叶棋浓.现代分子生物学技术及实验技巧［M］.北京：化学工业出版社，2015.

[7] 李钧敏.分子生物学实验［M］.杭州：浙江大学出版社，2010.

[8] 陈丽梅.分子生物学实验：实用操作技术与应用案例［M］.北京：科学出版社，2017.

[9] 郑伟娟.现代分子生物学实验［M］.北京：高等教育出版社，2010.

[10] 陈钧辉，李俊.生物化学实验［M］.第5版.北京：科学出版社，2014.

[11] 余瑞元，袁明秀，陈丽蓉，等.生物化学实验原理和方法［M］.第2版.北京：北京大学出版社，2005.

[12] 苟琳，单志.生物化学实验［M］.成都：西南交通大学出版社，2010.

[13] 董晓燕.生物化学实验［M］.第2版.北京：化学工业出版社，2008.

[14] 王元秀，李华.生物化学实验［M］.武汉：华中科技大学出版社，2014.

[15] 殷武.基因工程实验［M］.北京：科学出版社，2013.

[16] 陈蔚青.基因工程实验［M］.杭州：浙江大学出版社，2014.

[17] 陈雪岚.基因工程实验［M］.北京：科学出版社，2012.

[18] 陈长华.发酵工程实验［M］.北京：高等教育出版社，2009.

[19] 陈坚，堵国成.发酵工程实验技术［M］.第2版.北京：化学工业出版社，2009.

[20] 吴根福.发酵工程实验指导［M］.第2版.北京：高等教育出版社，2013.

[21] 刘叶青.生物分离工程实验［M］.第2版.北京：高等教育出版社，2014.

[22] 孙诗清.生物分离实验技术［M］.北京：北京理工大学出版社，2017.